儿童专注力培养方法

国际文化出版公司
·北京·

图书在版编目（CIP）数据

儿童专注力培养方法 /（日）林成之著 ；解礼业译．-- 北京 ：国际文化出版公司，2019.10
ISBN 978-7-5125-1139-2

Ⅰ．①儿… Ⅱ．①林… ②解… Ⅲ．①少年儿童-注意-能力培养 Ⅳ．①B844.1

中国版本图书馆 CIP 数据核字（2019）第 193821 号

儿童专注力培养方法

作　　者　[日] 林 成之
译　　者　解礼业
责任编辑　宋亚晅
统筹监制　袁　侠
美术编辑　丁鉷煜
出版发行　国际文化出版公司
经　　销　国文润华文化传媒（北京）有限责任公司
印　　刷　三河市华晨印务有限公司
开　　本　710 毫米 ×1000 毫米　16 开
12.5 印张　100 千字
版　　次　2019 年 10 月第 1 版
2021 年 11 月第 2 次印刷
书　　号　ISBN 978-7-5125-1139-2
定　　价　45.00 元

国际文化出版公司
北京朝阳区东土城路乙 9 号　邮编：100013
总编室：（010）64271551　传真：（010）64271578
销售热线：（010）64271187
传真：（010）64271187-800
E-mail：icpc@95777.sina.net

前言

提高专注力，能使孩子在学习方面表现更加出色，在运动方面也能收到意想不到的成效。

人们都想把孩子培养成为做事情专注的人，这是因为专注力，是孩子学习知识和技能并取得好成绩的一个重要因素。孩子具备了这个能力，在各种情况下都能发挥潜力，做到最好，长大后亦能大展宏图，亲手描绘自己的幸福人生。

是的，专注力是卓越才能得以发挥的原动力之一。

然而，尽管大多数人都在谈论“专注力”这个词，可是很多人对于其产生机制、内涵却不甚清楚。

我一直在给日本的奥运参赛选手和奥运候补选手介绍脑科学战术，锻炼他们的胜负思维。最终，这些选手不仅实力得到提升，比赛能力也有所提高，他们中的许多人都荣获奖牌。

由于脑科学战术中包含各种训练集中精力的方法，因此我经常被选手们问到有关专注力的各种问题。

另外，除了运动员，普通学生和备考的考生也会向我提出各种有关专注力的问题。

“有没有提高专注力的方法？”

“提高紧张感与提高专注力是不一样的吗？可以将紧张感转化为专注力吗？”

“我一进考场就觉得大家都很聪明，一下子就无法集中精力了。我该怎么做才能专注于考试呢？”

“每次妈妈让我学习的时候，我都无法集中精力去学，这是为什么？”

“虽然知道应该学习，但实在是没有动力，这种情况该如何是好？”

“为什么越不擅长的科目越无法专注呢？”

“我一换学习地点，精神就无法集中，拜托您告诉我该怎么办？”

想必作为父母的你也特别想了解这些问题的答案吧？

在这本书中，我回答了大家的各种疑问，给出了培养孩子专注力的多种方法。

为了回应大家有关“我孩子做事情不专注……”的种种困扰，本书从脑科学的角度，深入分析专注力的内涵、大脑的运转机制等专注力的本质、父母想帮孩子打好基础的专注力的内在原理等，给出了培养孩子专注力行之有效的方法。

如何发挥专注力是一个非常重要的课题。如果不理解专注力的本质，就无法在真正意义上提高专注力，也就无法在真正需要的时候充分发挥专注力。

“专注力”与人的情绪有着密切的联系，但迄今为止，脑科学研究尚未对此有明确结论。

本书中的这些新尝试，若能在发掘孩子潜能、丰富孩子人生方面起到助力作用，实乃荣幸之至。

林 成之

c o n t e n t s 目录

第4章

让孩子专注的方法　109

第5章

让奥运会冠军都受益的专注力训练技能　151

代后记

我最想告诉爸爸、妈妈们的几句话　167

序章

孩子的大脑在 10 岁之前处于成长期

孩子的大脑发展分三个阶段

大家知道孩子的大脑与成人的大脑之间最根本的不同是什么吗?

那就是孩子的大脑尚处于“发展中”。

若想培养孩子的专注力，或让孩子集中精力，就得了解大脑发展的过程。能否认识到这一点，对大家培养孩子专注力时与孩子的相处方式有着密切的关系。

因此，我们首先整体了解一下孩子从 0 岁开始大脑在成长和发展过程中都经历了哪些阶段。

孩子大脑的不断成长、发展历经三个阶段:

首先，大脑的发育始于神经细胞的增加。

脑神经细胞的结构有些特殊，从作为本体的细胞体中延伸出的部分被称为“树状突起”，这些细短的树枝状突起进一步伸展为一根尾巴状的“轴突”。

脑神经细胞形成这种形状是为了将各种信息当作电流信号，让其在细胞间进行传递。可以这样说，“树状突起”是从其他神经细胞获取信息的“输入天线”，而“轴突”则是向其他神经细胞传递信息的“输出装置”。

这种脑神经细胞会在某个时期急剧增加，即大脑处于快速发育的状态。

而且，脑神经细胞的数量一旦达到最大值，便开始缓慢地减少。

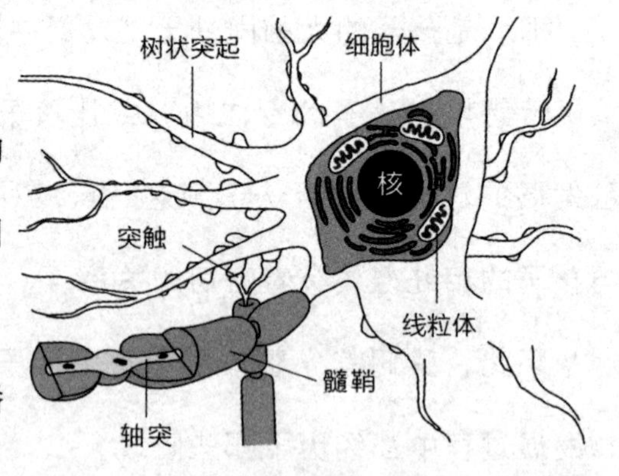

图 1　神经细胞的结构

这时会产生细胞的“间拔”（译者注：间拔，日语“間引き”，原意为农业用词，指播种过程中，间隔拔除长势不好的幼苗，留下长势良好的幼苗，这里借用形容细胞成长。）现象。这一时期，无用的细胞被间拔而死掉，也就是说要拣选出需要留下的细胞。

这样一来，细胞被拣选的同时，孩子大脑中的“信息传递回路”便会形成并不断发展。细胞与细胞之间相互连接，共同构建起一张复杂而庞大的信息网。产生这种现象是因为大脑有其“秘技”，它能孕育使人聪明的资质。

脑细胞对新信息，特别是对带有情绪的信息会产生强烈的反应。这样一来，脑组织作为脑细胞的聚集体便拥有了优越的性能。

也就是说，通过带有情绪的会话，可以孕育一些资质，使孩子成为聪明的孩子或注意力集中的孩子。反之，如果那些在会话少且反应不好的习惯中生长的细胞被保留下来，孩子就会不聪明，因此，大脑会通过基因程序将这种细胞予以清除，这就是间拔。

如果大脑能做好间拔的工作，大家都会成为聪明人。遗憾的是，大脑并非如此负责，即使有些许不好的成分，细胞的网络化也会不断进行。所以，大脑的好坏取决于天生的资质，其实是一种误解。

大脑在创造这些资质的同时，还在创造“信息传递回路”，在这些任务即将完成之时，孩子的大脑也渐渐发育为成人的大脑。

3 岁、7 岁、10 岁为转折点

孩子的大脑发育为成人大脑的过程可对应分为三个年龄阶段：

脑神经细胞不断增多的时期：0–3 岁

脑神经细胞发生“间拔”现象的时期：4–7 岁

“信息传递回路功能”不断发展的时期：8–10 岁

人们之所以说育脑 10 岁前最重要，就是因为上述的大脑发育与年龄的相关性。

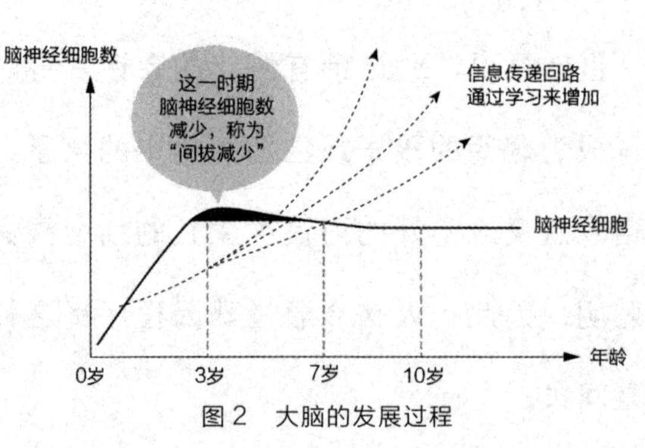

图 2　大脑的发展过程

然而，大多数知道“育脑 10 岁前最重要”这件事的父母，在培养孩子大脑的时候用的方法都不对。他们很容易这样认为：“要想孩子大脑发育好，最好尽早开始早教和育脑训练。”

诚然，刚出生的婴儿的脑细胞都一样，成长的起跑线都一样，但之后大脑的发育状态则取决于外部施加的刺激。

那么，是不是从0岁开始进行育脑训练和早教，就能使大脑发育为“好脑”呢？答案是否定的。事实上，在进行这些训练之前，通过反复跟孩子进行有感情的、愉快的会话，或者能传达出内心想法的会话，来培养孩子的专注力和发挥才能的资质，更符合规律，也更有效。

因此，要培养“好脑”，就要在孩子3岁、7岁、10岁这三个阶段改变育儿的方式。

在“脑神经细胞不断增多的0–3岁时期”“脑神经细胞发生‘间拔’现象的4–7岁时期”“‘信息传递回路功能’不断发展的8–10岁时期”，每个时期都有必需的发展主题。

换言之，只有那些与各个时期大脑发展相适应的育脑方式才会真正促进孩子的大脑发育，才会使其成为发挥巨大潜能的大脑。同时，这些育脑方式也连接着“专注力”产生的源头。

“育脑”不存在“晚”的问题

关于大脑发育这个问题，有的父母搞错了以下两点。

其中一个观点认为："我孩子已经10岁了，因为10岁之前并没有进行重要的育脑训练，所以已经晚了！"另一个观点认为："我家孩子啊，让他做什么都很慢。一定是大脑没发育好。"

这两点显然都是误解。

关于第一个观点，大脑在各个发展阶段虽然有其特定的育脑方式，但无论年龄多大，大脑都是可以锻炼的。

只要我们了解大脑的结构，了解育儿过程中的注意事项，并不断实践，就能使大脑发挥作用，就可以忽略年龄，进行大脑训练。所以，不存在"为时已晚"的问题。

关于第二个观点，孩子的大脑正在发育中，尚未成熟。但也正因为尚未成熟，所以比较有可塑性，发育的速度也因人而异。

即使成长的起点相同，但随后并非都以同等的速度发展，而是有慢有快，孩子之间是存在个体差异的。

即使现阶段确实长得比较慢，也并不意味着大脑没有在发育。

有很多孩子小时候大脑发育得比较慢，成年之后变化却特别大。也有特别多的孩子因为大脑发育未受阻碍，而在成年之后发挥出惊人的才能。

反而是父母那些过分的担心、焦虑阻碍了孩子的大脑发育。比如插手让孩子做这做那，命令孩子“学习”，督促孩子“抓紧时间”，否定孩子说“那样不行”“你那样注定失败”……父母越是用这样的模式与孩子相处，越会让孩子无法集中精力。

根据大脑的成长和发展打好专注力的基础

我想向那些对“‘育脑’不存在‘晚’的问题”还心怀疑虑的人介绍两个孩子的例子。

第一个例子是一位叫直子的小学二年级女生。

直子小时候发育得比较缓慢。到了幼儿阶段，走路、吃饭都还很慢，什么都是慢节奏。因此，当幼儿园里别的小朋友都已经吃完饭到外面玩耍的时候，只有她一个人还在吃饭。

然而，她在上了小学之后就突然开始发育了。

她的动作变得迅速起来，体育成绩是最高分，而且玩奥赛罗棋一点不输给成人。这有力地证明了她认知空间、预测未知这样一种“空间认知能力”取得了长足进步。

她上学之后，在第一次运动会上发生了这样一件事。

她在开彩球的时候，投出了两个球，这时她指了指彩球说：“这个打不开，胶带数量有点不对劲。”于是老师急忙去确认，果然发现胶带的数量比其他彩球多，确实很难打破。她父母对此也非常吃惊。

“空间认知能力”发展之后就会发展出专注力，它可以让人立马找出细微的差异，形成敏锐的观察力。

想必像直子这样的孩子，一般情况下都会被贴上“慢吞吞”“不行的孩子”的标签。父母和周围的人也会这样对待她。

但是直子的父母和幼儿园的老师并没有给她贴上任何标签，他们很尊重孩子的节奏。据说，只要直子一开始吃饭，她妈妈就会迅速地将垫子铺到地板上，让她不用担心饭掉到地板上。

她妈妈说，自己绝不会说 “快点！”“还没吃完吗？”“吃饭别漏！”一类的话，而是一直很尊重孩子的节奏。

注意，不是按照大人的节奏，而是尊重孩子的节奏。直子在这样一种环境下成长，她的大脑虽然发育有些迟缓，但却发展为“好脑”，并且开始发挥出卓越的才能。

第二个例子是一位叫和树的小学三年级男生。

和树是这种类型的孩子：说完“我要学习”之后，到坐到课桌前能花费一个小时，随后开始看漫画、玩游戏，磨蹭到打开笔记本又要花一个小时，终于要开始学习了，这时马上就厌倦了。

在此期间，他妈妈当然是一直在生气，不停地跟他说“你要磨蹭到什么时候？”“一会儿不让你吃饭喽！”“赶紧学习！”，这种情况在很多家庭中比比皆是。

从大脑发展阶段来看，九岁的和树大脑刚好处在“信息传递回路机能”发育的时期。这一时期，如果他自己“想要做”，然后做成之后感到喜悦，神经细胞网络就会迅速扩展。也就是说，“干劲”与“成就感”才是促进大脑发展的源动力。

因此，他妈妈说的“快点！”“去学习！”这些话实际上剥夺了孩子的“干劲”，让孩子产生了“我知道，可我就是不想做”的情绪，从而造成孩子无法长时间集中精力。

和树的例子很典型。没有干劲也就无法体会成就感，没有成就感就无法让孩子产生干劲，如此往复，就形成了一个恶性循环。

和树妈妈最后发现怎么打孩子的屁股都无济于事，基本上要放弃了。这时我让她去实践一件事。

我让他妈妈自己出五个小学一年级水平的简单问题，出题的时候要考虑到“这个他绝对能全做出来”。

她出完这五个问题之后，不是说：“来，你给我做！”而是敲敲孩子的后背说：“妈妈努力了，接下来轮到你喽。嘿，开关打开啦！”

妈妈在出问题的时候，和树专注力很涣散，突然被叫到，所以吃了一惊，于是开始答题。“那接下来是算术题。嘿，开关打开啦！”按这样的节奏不断地敲孩子的后背，孩子便不知不觉地开始集中精力学习了。

现在，我们来揭开和树变化的真相：和树妈妈努力出题的行为刺激了和树的大脑，“同时开火”——这样一种大脑机制开始发挥作用，和树通过解出大家都会的题而获得了一种“成功体验”。

总而言之，妈妈努力学习的行为传递给和树，解决问题的“成功体验”进一步点燃了和树的干劲。

所以，即使以前抱有“不论我说什么，孩子都不改变”“已经晚了”这样的想法，只要父母与孩子的相处方式符合大脑的结构，遵循大脑的成长发展规律，孩子就会一点点发生改变。

现在手拿此书的各位读者心里一定对孩子抱有这样的期待：希望孩子集中精力，努力学习和运动，希望孩子在关键时刻能够集中精力。

当然，这是有可能的。因为无论何时，只要想开始，就不算晚。

但有一点至关重要，就是父母需要跟孩子一起改变。

回忆一下自己平时有没有经常对孩子说："别磨磨蹭蹭的，赶紧做！""再用点心学！""不到最后不能松懈！"

首先，你要从重新审视这些事情开始。

在孩子大脑发育的过程中，我们重视"教育"，但更要重视"共同成长"，共同去夯实专注力的基础。

相信那些专注力基础打得牢固的孩子，在未来一定能拥有超群的专注力，发挥出其卓越的才能。

第1章

专注力就是情绪力

“100分专注力”与“50分专注力”的区别

为什么专注力不能持续?

平时我们总把诸如“要集中精力”“做事集中精力”这样一些话挂在嘴边。

但当真正被问及“什么是专注力”时，却意外地感觉很难回答。当你问别人这个问题时，不少人会一时语塞，然后回答说，“那就是注意”，这样的回答倒很有一丝禅意。

专注力有时很难说清楚。

其中，也有人回答说是“拼命地用心做”“充分意识到那一点，用心去做”。这话倒并没有错。我们在运动或学习的时候，也经常可以听到“用点心，集中精力”的说法。

然而，现实中往往会出现这种情况——即便心里想着:“好!

我要集中精力做了！”但始终无法提高专注力，做到一半专注力就变得很涣散了。

大家在回顾过去或回想自己孩子的情况时，类似的事情也是历历在目。

但是，究竟为什么专注力不能持续或提高呢？

答案就是：专注力的水平处于低位。

也许有人听了这句话会大吃一惊：“什么？专注力竟然有级别？！”

你能全力投球直到最后一刻吗？

如果我们想要发挥才能，专注力是不可或缺的能力。如果没有专注力，学习、运动都无法取得成果，当考试、比赛等真正到了决胜的时刻，也很难发挥出自己的实力，取得好成绩。

但通常人们所说的“专注力”，从层次上而言，不过才 50 分的水平。

比如，别人让你“集中精力”，你回答“好，我集中”，但又有多少人能够心无旁骛地坚持全力以赴呢?

大概很多人都会在中途松懈下来，认为“都这么努力了，应该可以了”。

若将决心坚持到最后一刻，不计得失、全力以赴地投球这一状态看作100分的专注力的话，那么，很少有人能达到这种高度的专注力。

很多人的专注力水平只有50分

很遗憾，大多数人以为自己专注力很集中，但实际上，满分100分的专注力，他们也就只发挥到50分的水平。“注意不能持续”与“专注力无法提高”的原因也在于此。

即使现在只有50分的专注力，也可以发挥到100分的水平。是的，这是有可能的。所以，没有必要为自己现在的专注力水平低而感到失望。

此外，也没有必要担心“我孩子能发挥到100分的专注力吗？”这样的问题。我在序章中也提到，小孩如果大脑发育良好，就能发挥100分的专注力。

专注力实际就是“情绪力”

专注力是“情绪力”

面对“何谓专注力”这一问题，如果回答说“决心坚持到最后一刻，不计得失、全力以赴”就是100分专注力，这个答案未免太简单了。

其实，所谓“专注力”无非就是“情绪力”。

例如，当你面对自己喜欢的事情，你就可以专心致志地去做；可当你面对那些你觉得“无聊”“不懂”的事情时，即使想努力集中精力，专注力也很难持续。

一旦你觉得差不多时，专注力就中断了。那些你认为不可能完成的事物，还没等到专注力发挥，你就已经先放弃了。

沿着这个思路，你就可以理解：专注力正是“情绪力”。专注力的原动力正是“情绪”。

所以，那些专注力特别集中的人，也有强大的情绪控制能力。

比如，著名棒球选手王贞治为何能完成那么多的本垒打呢？正是由于他击球时投注了一般人想象不到的惊人的情绪。

王贞治说："打的时候要追着球打。"不是等球飞过来，而是抱着主动去"追球"的心情站在击球手区。

一流选手具有"胜负脑专注力"

职业棒球选手能将时速达 160 公里的超快球击打回去。一般人认为击球手是在看到球被扔出去之后才挥动球棒的，然而事实并非如此。

考虑到从投手区到击球区的距离与神经反射的速度，一旦球时速超过 147 公里，看到球被扔出去才挥棒击球的话，是来不及将球击打回去的。

事实上，棒球比赛时，岂止是时速 147 公里，就连时速 160 公里的球都可以打得到。这就说明，击球手高举球棒时，就已经开始做好准备，并预估对方投的是什么球、它会往哪里去。

职业选手能够通过对方投球时的动作来预判球的飞行轨道，然后他会盯着球的飞行轨迹做好准备，所以能够及时挥棒打到球。

但是王贞治不仅仅是击球，他能够坚持到完成本垒打。这时，他除了想要盯着球的飞行轨迹，还想要“追着球打”。这两种想法共同作用促使他发挥了相当高的实力，表现出了惊人的专注力。

我将其称为“胜负脑专注力”，就是在胜负之际一定要取胜这样一种“超一流专注力”。王贞治已经达到了这个水平。

“超一流专注力”超越100分专注力，可以说是“真正的专注力”。

虽然不必非得是“超一流专注力”，但要想发挥接近100分的专注力，关键在于如何不让作为原动力的“情绪力”降低。要达到这一目标，大脑的能力就显得尤为重要。

为了让大家理解专注力的培养与大脑的能力这二者之间的关系，我先介绍一下大脑的运行机制。

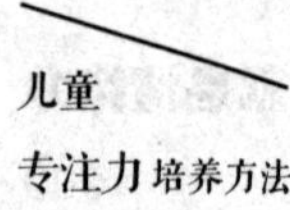

首先从了解“大脑结构”开始

外界的信息会经过大脑的六个区域

我们先了解一下大脑的运行机制。

来自外界的信息经过人的五感输入大脑，再经大脑各个部位进行加工和处理。在此过程中产生大脑特有的功能，如“理解”“判断”“思考”“记忆”等功能，以及“感情”“心情”“情绪”等功能。

人们获取的信息经由大脑的六个部位，其顺序如下：

①大脑皮质神经细胞→② A10 神经系统→③前额叶皮层→④报偿性神经系统→⑤纹状体、基底核、视床→⑥海马回、脑缘（大脑边缘）

这么多生涩的名词，有些让人望而生畏。但要想培养孩子的大脑和专注力，理解大脑的运行机制很重要，所以请努力尝试着读下去。

六个部位针对来自外界的信息，进行如下处理：

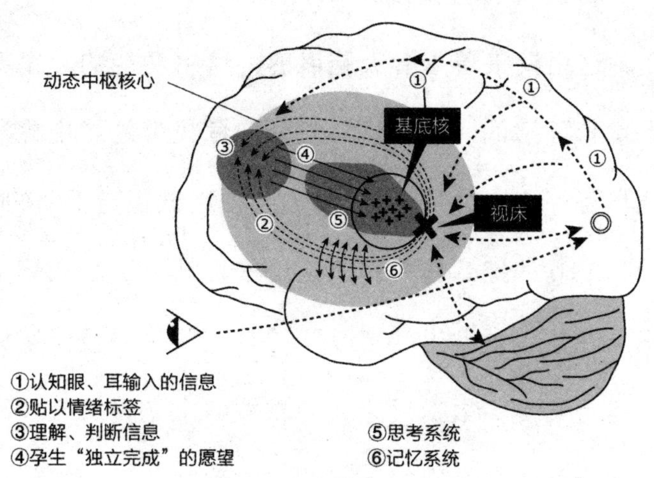

图3　大脑内的信息路径

①大脑皮质神经细胞

大脑皮质是大脑的表层。这里有“语言中枢”“视觉中枢”“空间中枢”等，这些中枢发挥着认知外界输入的信息的功能。

由眼、耳、皮肤等五种感觉器官输入的信息分为两部分。一部分是先经神经细胞认知之后被输送至“③前额叶皮层”的信息，另一部分是先被输送至大脑深层，再经“② A10神经系统”后到达“③前额叶皮层”的信息。

② A10 神经系统

这里聚集着掌管大脑情感、情绪功能的几个部分。其中，有掌管好恶的“侧坐核”、分辨危机感的“扁桃核”、控制有趣与否等情绪的“尾状核”，以及控制欲望与干劲的“视床下部”。

A10 神经系统的作用是给信息贴上各种情感、情绪标签。一旦在这里被贴上“喜爱”“有趣”等积极情绪标签，其后大脑运行会更高效。反之，如果被贴上“讨厌”“无聊”等消极情绪标签，则会在接下来的“前额叶”部分被处理为“可遗忘的信息”。

③前额叶皮层

这里是大脑理解、判断信息的场所。请把这一部分理解为与“理解力”“判断力”有关的区域。

我们以前学过的东西、经历的事物等全部以“信息编码”的符号形式储存在大脑中。前额叶皮层将这些编码信息与新输入的信息进行比对之后，能够瞬间进行判断与识别——“这个对”“这个不对”“虽然有点相似，但还是稍有不同”等。

如前所述，在A10神经系统中被贴以消极情绪标签的信息，在此处被判断为“无所谓的信息”“可遗忘的信息”。因此，这些信息也不会被进一步理解，它们被排除在“思考”“记忆”这些大脑功能之外。

④报偿性神经系统

在“② A10神经系统”中被贴以“喜爱”“有趣”等积极标签的信息，在“③前额叶皮层”进一步得到理解、判断，然后被传送至报偿性神经系统。

报偿性神经系统的主要工作是对自我给予褒奖，借此孕生出愉悦的情绪。简单说来，它是创造“干劲”“欲望”的场所。

对大脑而言，褒奖就是独立完成某事后那种喜悦、愉快的情绪。所以“自己主动去做某事并取得成功”能够有效地激活报偿性神经系统的功能。

一旦报偿性神经群判断出“哦，这个信息可以获得褒奖！”，它就会激励其他脑细胞：“要好好工作哦！”它是大脑之中最具煽动性的角色，通过它的激励，大脑细胞便会作出回应并开始工作，产生干劲和欲望。

⑤纹状体、基底核、视床

这部分与“② A10神经系统”“④报偿性神经系统”相连接，可以理解为信息的“中转站”。

这部分通过各种功能判断哪些信息可以优先通过，是信息在大脑中循环的中转站，还可以向掌管运动的区域传递信息，来调整姿势和运动。

⑥海马回、脑缘（大脑边缘）

海马回是与记忆有深刻关联的区域，想必大家都听过很多次。这个区域是短期记忆的保管仓库。

尽管如此，这些信息终究还是短期记忆，若不使用便会被束之高阁，直至抛之脑后。想必大家都有过这样的经历，临阵磨枪式的学习不会在脑海中留下深刻印象。

要想使信息成为牢固的记忆，就需要反复学习、思考、实践。

核心是“动态中枢核心”

我将大脑的区域②～⑥命名为“动态中枢核心”。具有不同功能和作用的各个部分联合为一个整体，组成了一个“脑中枢联军”，从而孕生出非常复杂而高级的脑功能。

在培养孩子的大脑或帮助孩子打好专注力的基础时，尤为重要的是要充分调动“② A10神经系统”“④报偿性神经系统”“③前额叶皮质”这三个区域的功能。其在今后的育儿过程中的作用也会越来越突出。

理解该特性之后，就能在育儿过程中分清哪些是培养孩子的大脑所需要的，哪些是不需要或不可取的。

“大脑的本能”产生行为与思想

大脑与生俱来的三种本能

在育脑和夯实专注力基础方面不容忽视的是“大脑的本能”。

大脑共有七种本能。

首先，大脑具有三种与生俱来的基本本能，即“生存本能”“求知本能”和“交友本能”。

这三种本能都产生于大脑神经细胞。我们可以将这三种本能理解为生命体生存所必需的本能：生命体要决心活下去，就会产生“想要生存”的愿望；要了解生存所必需的信息，就会产生“想要求知”的愿望；要想与周围的细胞相互连接、共同发挥作用，就会有“想要交友”的愿望。

这些都是细胞为了生存而获得的先天本能，所以我们其实都是在无意识地按照这些本能进行思考和行动。

大脑后天产生的三种本能

大脑细胞聚集到一起，形成了发挥脑功能的脑组织。后来，大脑又发展出一些支撑脑组织功能的本能，这些本能都是后天产生的。

后天产生的本能包括三种，它们分别是“自卫本能”“统一／一贯性本能”和“自我本能”。

这些后天的本能是为了维护上述“大脑的功能”而产生的。

第一种是“自卫本能”，直截了当地说，就是“保卫自己的本能”。

这种本能根植于先天本能中的“生存本能”，是分辨好恶、安危、有趣与否的A10神经系统功能的基础。

如果父母总是严厉斥责孩子的话，孩子就会把父母的话当成耳旁风，久而久之，孩子逐渐开始撒一些小谎，这都是“自卫本能”在起作用。

第二种是"统一／一贯性本能"，这种本能倾向于逻辑一致、平衡的事物，也倾向于统一、完整、一以贯之的事物。这种本能形成了理解和判断信息的前额叶皮层功能的基础。

大家有没有发现这样一个现象：环境的变化会导致人的内心无法平静，我们也会很自然地疏远那些与自己观点相悖的人。这些感受都是在脱离"统一／一贯性本能"的情况下发生的。

第三种是"自我本能"，这是一种"我想要这么做"的本能。这种本能是体验自己做成事情的喜悦感和愉悦感的报偿性神经系统功能的基础。

自己扣衣服扣子、自己穿鞋等，在大人看来，这些事情由孩子自己完成还有一定困难，孩子却想去做，这都是源自"自我本能"。因此，如果父母跟孩子说"你还做不到"，那么孩子的"自我本能"就会受到抑制，也就剥夺了孩子体会"我能自己做了！"的快乐的权利。

调整各个本能之间分歧的“共生本能”

除了三种先天本能和三种后天本能，还有一种“想要存异共生”的“共生本能”。

这种本能产生于动态中枢核心。

动态中枢核心是由多个各具功能和作用的大脑组织共同活动的场所。不同的大脑组织要克服相互之间的差异，进行共同协作，关键是要“接纳差异，共同生活”。可以说，这种功能是为了让各种功能形成一个整体而产生的。

有了“共生本能”，就能够调整三种先天本能和三种后天本能。

根植于大脑细胞的先天本能在无意识领域发挥作用，因此，人无法与之对抗，更不可能进行有意识地控制。而相反，后天本能有时候却很容易被环境和思维所左右。

而且后天本能的作用往往会过度，导致后天本能与先天本能产生分歧和矛盾。

比如，“自卫本能”过度会让人产生“只要对自己有利就好”“考虑别人就是自己受损”等想法，就会违背“交友本能”

这种先天本能。

再比如，“我一直以来都是按这种方式做的”“我的做法才是对的”等都是“统一／一贯性本能”过度的表现。这就会造成“统一／一贯性本能 ”同“求知本能”和“交友本能”之间的矛盾不可调和。

上述矛盾和分歧使人内心产生迷茫和烦恼，从而影响大脑功能的运转。

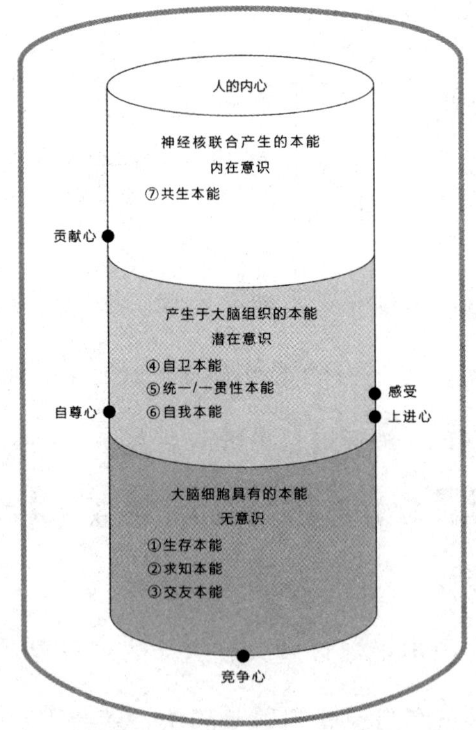

图 4　人的内心来自七种本能

大脑更加青睐“积极情绪”

整体而言，大脑比较青睐积极的情绪，因为积极的情绪可以愉悦大脑的本能，活化大脑的功能。

因此，当你觉得“我怎么这么任性！”或者感觉“朋友讨厌我，我好难过”，又或者当你面对那些表现出过多本能的人，你内心会生出“他怎么那么顽固啊！”“我不喜欢他！”等一些消极的情绪。

为了解决这些问题，在出现矛盾和分歧的时候，大脑会准备好“共生本能”，引导人们这样想：“等一下。这样做会给对方造成什么影响？”“大家幸福才是真的幸福啊！”

产生专注力的“基础四要素”

能力与情绪密切相关

我想，大家现在对“大脑的运转机制”与“大脑本能”已经有了一定的基础知识。

人的各种能力都以大脑本能为基础，与情绪形成一体，共同发挥作用。专注力当然也不例外。

我之前提到“专注力就是情绪力”，大脑的本能和动态中枢核心的功能都与“情绪”紧密联系。

换言之，要想让孩子做事情专注力高度集中，在育脑过程中最重要的就是让孩子保持积极的情绪。这是一种愉悦“脑本能”的育儿方式。

具体做法我会在以后的章节中提及，在这里，我想让大家记住产生专注力的“基础四要素”。

①借助本能与生俱来的力量

②活用动态中枢核心

③打破情绪无意识松懈的结构

④练就发挥能力的专注力资质

接下来我将详细解释以上四要素。

①借助本能与生俱来的力量

如前所述，与生俱来的本能有“生存本能”“求知本能”和“交友本能”。这三种本能本身就是“情绪”，也有很多情绪由这些本能派生出来。

当你觉得“完不成这件事就活不下去”的时候，你的专注力自然会提高；当你“想变得更聪明”的时候，你就会努力集中精力学习；当你产生“想了解某个事物”的冲动时，你就会集中精力，想要打破砂锅问到底。那些“为了朋友”“为了同伴”“为了团队”以及“为了我自己”的情绪，都可以极大地提高人们发挥专注力的水平。

这样看来，借助先天本能的力量是形成专注力的第一个关键点。

要想借助先天本能的力量，需要一个重要的条件，那就是“能够单纯地努力”。

为此，我们需要教会孩子坦然面对本能的喜好，不因得失和优劣去判断事物，而只是单纯地为别人或为自己做事情。

②活用动态中枢核心

动态中枢核心作为大脑功能的核心，遵循如下模式：积极的情绪可以活跃大脑的各种功能，而活跃的大脑功能也可以产生积极的情绪。

其中“A10神经系统”“前额叶皮层”“报偿性神经系统”这三大功能，与强大的“情绪”这一专注力发挥的原动力有着紧密的联系。

其中“A10神经系统”与“喜欢”“有趣”“感兴趣”等情绪相联系，“前额叶皮层”产生“明白了”“能理解”等情绪，

“报偿性神经系统”产生“想独立完成”的强烈的情绪。

当你觉得某件事有意思的时候，就会产生“想要了解”的想法，理解了之后就会想自己做做看。如果是这些事情，那么，即便父母、老师们不要求你专心去做，你也能专注地做到最后一刻。

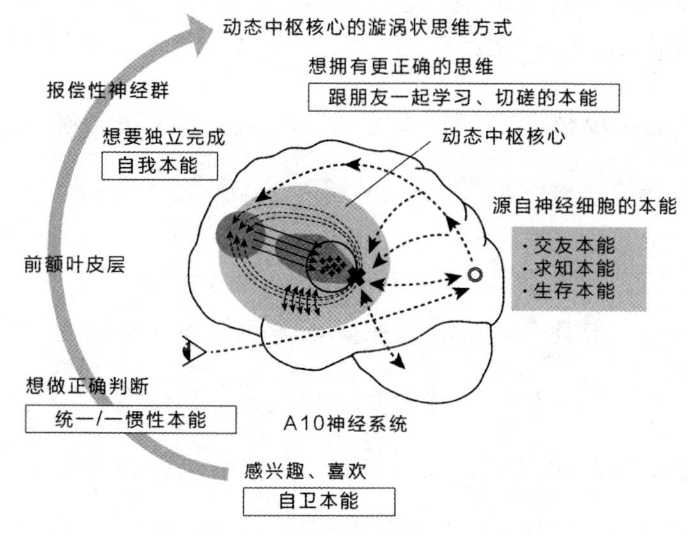

图5　大脑变聪明的原理

在动态中枢核心里,信息往往要在各个大脑功能之间轮转，经过反反复复地“思考”，才能产生更好、更深的想法。一旦自己理解了之后想自己做做看，就会产生“想深化思维”“想拥有更正确的思维”等想法，这也是人们能够更加专注于学习和运动的原因。

四种情绪与各个大脑本能相互联系。

“喜欢”“感兴趣”与“自卫本能”相联系，“想理解”“想做正确判断”与“统一／一贯性本能”相联系，“想要独立完成”与“自我本能”相联系。

动态中枢核心的“思维方式”产生“想深化思维”“想拥有更正确的思维”的想法，这与“想与大家一起共事”的“共生本能”相联系。

因此，与其一个人独立去做，莫不如同伙伴、朋友们一面切磋一面做，这样更能提高专注力。无论是玩耍，还是学习，抑或是运动，“跟别人一起去做”已经成为培养专注力的一个条件。

总之，动态中枢核心的功能中产生“喜欢”“感兴趣”，“想理解”“想做正确判断”，“想自己独立完成”，“想深入思考”“想拥有正确的思维”这四种情绪，它们之间相互协作、全速运转。这就是产生专注力的第二个关键点。

值得一提的是，“想独立完成”这一源自“自我本能”的情绪，是孩子将来发挥100分专注力的“秘诀”。

“想独立完成”的情绪越高涨，孩子越能抱着一种使命感去做，也就能够做到“全力以赴”。“全力以赴”的能力在发挥专注力优势方面不可或缺。

在活跃于国际体坛的运动员中，那些真正强大的选手，无论在任何情况下都不会掉以轻心。内村航平是一位获得过伦敦奥运会金牌的体操选手，众所周知，他平时的训练内容与真正比赛的内容是一样的。很多时候，为了避免受伤，奥运选手们会调整训练强度。可是内村航平却不论正赛或练习，都是全力以赴。

他接受采访被问及“您为何如此热爱体操？”时，回答说：“体操是我的使命。”

听到他的回答，我再次切身体会到内村航平实力强大的原因了。

内村航平这种敢说出“体操是我的使命”的崇高境界，保证了他在正赛中高度集中的专注力。

③打破情绪无意识松懈的结构

专注力就是情绪力。因此，专注力中断或是减弱就表示情绪有些低落。

而且人体存在一种结构，那就是人们会无意识地降低专注力。由于是无意识所为，我们对自己的专注力下降并没有实际的觉察。

比如，当你观看棒球比赛的时候，你发现投手一直保持着“无安打无得分”的良好投球状态，尽管他一直采取强硬的进攻，但是从游击手失误开始，他投出的球就逐渐能被对方打到了。

人们作为旁观者会觉得不可思议：“明明投得跟刚才一样好，可为什么会被打到呢？”然而，现象背后是有充分理由的：正是因为投手的情绪变化，才改变了比赛的走向。

投手的情绪因游击手失误而受到影响，他这时会想：“哎呀，糟了！”“都怪那家伙！”他的情绪开始无意识地松懈，连他自己都没有意识到自己的专注力已经分散了，而专注力的分散改变了比赛的走向。

每个人身上都会出现无意识情绪松懈现象。需要注意的是，以下五点是专注力的大敌。

说否定的话语，比如“啊，这不可能！”“糟糕！”“做不到！”

沮丧地说：“到此结束了，已经不行了。”

想着“还是做得稳一点吧”，然后采取一些保守的策略。

意识到剩余部分：“只剩下……就结束了。”

担心“失败的话，就麻烦了！”或是幻想“对手能不能败给我们啊？”

如果这么做，本能就会起到负面作用，情绪也会无意识地悄然改变，出现专注力松懈的现象。

孩子也是一样的，如果上述五种情况习惯成自然，那么孩子的专注力就很难持续。重要的是，不要让它们变成你的习惯。

想让孩子发挥专注力的优势，就要牢记这个关键点：必须打破无意识松懈专注力的结构。

④练就发挥能力的专注力资质

实际上，能否拿出专注力、是否具有专注力跟一个人的资质有很大关系。有专注力的资质的孩子，即使不去刻意“集中精力”，他们在需要的场合还是能自然地集中精力。

我这么说的话，似乎有的人会无力地说道：“资质这东西是天生的吧？我家孩子可做不到啊！”请注意，切不可贸然误判。

专注力的资质并不是天生的。有证据显示，没有任何一个0岁的孩子具备惊人的专注力。

专注力的资质是由父母、老师们不断培养、锻炼出来的。专注力也是能力之一，是可以充分进行锻炼的。

而且，培养专注力资质的方法在提高脑力方面也是非常必要的。

如果你梳理一下专注力的本质，你会发现它的本质就是让“喜欢”“感兴趣”，“想理解”“想做正确判断”，“想独立完成”，“想深入思考”“想拥有正确的思维”这四种情绪要素全速运转起来，让大脑充分发挥自己的能力。

因此，培养专注力意味着提高脑力，它还影响着人们能否发挥好包括专注力在内的各种才能的问题。

献给那些不断提高专注力的孩子们

孩子也在为精力不集中而烦恼吗？

在以上部分，我带着大家深入理解了大脑的结构，同时也阐释了专注力的内涵。

我想，大家现在应该能够明白，人们常说的“要集中精力！”“没有专注力”并非真正意义上的“专注力”。

我们希望孩子掌握的专注力，是一种决心坚持到底、不计得失、竭尽全力的能力。

这样一来，就非常需要“情绪力”这种以大脑本能和功能为基础的能力。

具体说来，就是四种“情绪”与四种本能的组合。

“喜欢”“感兴趣”＋“自卫本能”

“想理解”“想做正确判断”＋“统一／一贯性本能”

“想独立完成”+“自我本能”

“想深入思考”“想拥有正确的思维”+“共生本能”

要想发挥这四种“情绪力”有四个关键点：

①借助本能与生俱来的力量；

②活用动态中枢核心；

③打破情绪无意识松懈的结构；

④练就发挥能力的专注力资质。

如此看来，专注力这种才能必须集结各种能力才会提高，不然就很难发挥。

对妈妈们而言，在所有的育儿烦恼中，孩子专注力涣散的问题是排名较为靠前的。如果妈妈们不在这方面加以培养的话，孩子就无法掌握。因此，专注力的培养取决于妈妈。

但与此同时，在专注力涣散的问题上，孩子们其实比父母更烦恼。我曾经向一位认识的小学生问道：“你现在有什么烦恼吗？”他给我的答案是：“嗯，精力不集中。”我觉得这也是很有可能的。

如今的孩子们成长在绩效主义社会之中。绩效主义强调高效做事，并且认为这样比较有利。久而久之，孩子心中就形成了一种共通的观念："不要做无用功""讨厌损失"。

当"以得失论成功"已经成为孩子们的共识，不计得失、竭尽全力地集中"专注力"可谓一大难事。父母逼迫孩子做这一大难事的结果，就是孩子说自己做不到。

正因为如此，在孩子们看来，"专注力涣散"也是他们的众多烦恼之一。

孩子们没有专注力，错不在孩子，而是社会环境使然。如果不理解这一点，而是一味地按照妈妈的标准去育儿，那么家长们只会徒增"为什么不做？""不善始善终该如何是好？"等烦恼。

从培养专注力资质开始

专注力与大脑本能紧密联系。专注力利用了本能，因此，它是属于无意识领域的才能。

所以，无论嘴上如何说要集中精力都是徒劳无功的。要解决这一困扰父母与孩子的难题，必须要从培养专注力资质开始。

这时，父母要珍视“共同成长”的心态。“有了这个孩子，我也能成长”，当父母抱着这样的想法跟孩子相处时，就能创造专注力产生的契机。

当资质慢慢显现，你有时会发现，“我本来觉得不可能做到，不知道怎么就做到了”。当然，有了这样的榜样，孩子也不会半途而废，他也会努力坚持做到最后。

有一点需要大家牢记于心：专注力水平确实可以提高。

不需要从一开始就是100分的专注力。

即便现在只有30分的专注力，当你集中精力去做各种事情时，你的专注力水平也会逐渐提高，朝着100分的水平进步，我觉得这样是没问题的。一边做一边提高，循序渐进。我希望大家能重视这种专注力的提高方式。

练习：专注力资质检测

您的孩子专注力资质发展到什么程度了？您可以做一做这个《专注力资质检测》，以作参考。

在当前阶段，即便您的孩子分数不是很高，也不要因此沮丧、气馁。因为专注力是可以在今后的生活中逐步提高的。只要稍微调整一下与孩子的相处方式，就可以提高他们的专注力和脑力，其也会逐渐地发挥出惊人的潜能。

专注力资质检测

○：总是如此（0分）　△：有时如此（5分）　×：从不如此（10分）

①不喜欢老师	○	△	×
②快做完时放弃	○	△	×
③觉得“差不多”就结束	○	△	×

④否定词语多，如“不可能”“看起来好难”“做不到”	○	△	×
⑤说“之后再做”比较多	○	△	×
⑥不承认自己的失败和弱点	○	△	×
⑦别人不说自己就不做	○	△	×
⑧“那个有趣吗？”“也没那么牛啦！”等答非所问	○	△	×
⑨受得失驱使，觉得“损失的话，就不做”	○	△	×
⑩做事三分钟热度	○	△	×

得分结果

0–49 分　有些遗憾。父母要想孩子专注力提高，需要改变跟孩子的相处方式。

50–79 分　再加把劲。父母需要进一步锻炼孩子的专注力资质。

80–100 分 专注力在不断提高。

第2章

10岁前的养育方式影响专注力的发展

提高专注力有什么好处?

注意力集中的孩子无论做什么事情都能做到最后

人的专注力很容易分散，难以集中于一点。我们完成任务的时候，容易半途而废，也经常打马虎眼。因为情绪变化而没能坚持到底，导致学习、体育都很糟糕的状况，在专注力涣散的孩子中比比皆是。

可以说，提高专注力的一个最大的好处，就在于能够摆脱上述困境。

注意力集中的孩子无论做什么事情都能做到最后。

大脑的报偿性神经系统的“体验成功喜悦功能”发挥作用，孩子为获得褒奖，又会全力投入下一项任务中，由此形成一种良性循环，培养起强大的做事能力。

这样一来，孩子就能够专心致志地学习、运动，一点一滴地积蓄发挥才能的潜力。

不仅如此，在孩子长大成人之后，当他们要在社会上做出一番成就、让别人认可自己的工作时，这种坚持不懈的能力的重要性就会愈加凸显。

报偿性神经系统功能比较好的人，能够主动做事，并从中学到必要的知识与技能。

专心致志、持之以恒，具备这种能力的人，他的人生一定会非常丰富。

注意力集中的孩子能够成为真正意义上强大的人

大家都知道，注意力集中的话，在真正的竞争中就会变得强大。

但是如果不能真正做到集中精力的话，不可能变成真正的强者。

我想很多人会问："这是为什么呢？"

大家可能会有这样的经历，当你参加考试或重要比赛的时候，状态怎么都调整不好，最后惨败了。原因之一在于平时就没有全力以赴的习惯。

“差不多了，基本完成了。”当这种心态习惯成自然，在真正需要发挥实力的时候，状态就会不稳定。练习的时候不是很投入，认为“等我正式比赛时就会很强大”的人，专注力是不可能高度集中的。

正式比赛时能发挥强大实力的人,不会因为调整不好状态，而落入惨败的境地。因为他平时都在全力以赴。

上一章提到的体操选手内村航平，还有游泳选手北岛康介均是这样的人。他们在正式比赛中能够高水准地发挥，就是因为他们练习的时候也从不松懈，总是竭尽全力地去对待。

在游泳比赛或是花样游泳中达到一流水平的选手们会说：“正式比赛的时候，水面闪闪发光，特别有吸引力，我们游的时候感觉跟水融为一体了。”他们能够与环境融为一体，注意力集中到如此程度，说明他们无论练习还是比赛的时候，都是全力以赴投入其中的。

提升专注力的资质，总是需要“全力以赴的能力”。

这样一来，考试、重要的比赛的时候，人们就能不被环境或各种状况所左右，从而发挥出真正的实力了。

在正式比赛中，运动员会全神贯注于眼前的比赛。不过，他们的专注能力不会就此止步，还有进一步提高的空间。

注意力集中的孩子，不仅有把事情做到底的能力，也有把事情做成功的能力。

即便是大家一起做事或是组队比赛，当大家遇到瓶颈做不下去的时候，或是陷入危机的时候，抑或是当同伴面露怯色打退堂鼓的时候，这个孩子还能一个人发挥出惊人的能力，说明这个孩子专注力很集中。这种情况下，他充当了救世主的角色，在同伴心中占据了一席之地。

经过很多次这样的情况之后，他的专注力也进一步提高，周围逐渐就会有人说“有这个家伙在，我们就能发挥实力”，魅力就是这样产生的。

听到“魅力”这个词，大家可能会勾勒出一个人的形象，才华过人、有灵性、很吸引人。我所认为的“魅力”的条件是：无论遇到什么困难，只要是自己说出的话，就一定要做成。而对于这一点，专注力高度集中的人是可以做到的。

如果父母从小就努力培养孩子专注力的资质，将来很可能会有人评价他们的孩子有魅力，“只要有他在，就没问题”。

注意力集中的孩子能够成为认真思考的人

有一种说法叫作“忘我的境界”，如果换个说法，就是“专注力高度集中的状态”。当你专注力高度集中的时候，周围的杂音、景致和自己的杂念都会消失不见，甚至别人跟你打招呼你也不会注意到。

这个状态也叫作“入境”。顺便再说一下刚才提到的一流选手的话，他们所说的“正式比赛的时候，水面闪闪发光，特别有吸引力，我们游的时候感觉跟水融为一体了”的状态实际上就是“入境”的状态。

“入境”的时候，大脑内部发生了什么呢？信息在大脑动态中枢核心里四处游走，进入深度思考的状态，也就是充分发挥思考能力的状态。

大脑的动态中枢核心也会进行反复思考，这是它的一个功能。即便是只思考过一遍的事情也可能被重新思考好多遍："哎呀，这是什么意思呢？""我虽然这么思考过了，可到底这样行不行啊？"

因此，专注力能够集中的孩子能够成为认真思考的人，同时反复思考也能收获更高的思考能力，提升思考内容的水平。

这样一来，提升专注力就能提高孩子的能力，拓宽孩子发展的出路，发挥孩子更大的潜力。

接下来我将说明专注力资质的培养方法。

如何在 10 岁之前培养孩子专注力的资质

让孩子用“心”去做

专注力也是一种才能，开启这一才能的必要条件就是“用心去做”。

“用心去做”简单而言就是“不马马虎虎地做”“拿出下决心做成的态度去做”。这是激发孩子专注力才能的最重要的起点。

为此，父母必须重视：育儿需要符合序章中所提到的“大脑发展阶段”。

如果无视这一点，一心只想提高孩子的专注力，基本是不可能实现的。

脑力是基础，脑力发展到一定程度之后，作为专注力基础的各种情绪，如“感兴趣”“觉得有趣”“想要了解”“想做正确判断”“想要独立完成”等才会出现。大脑才会发展成“文武双全脑”，在学习、运动方面都能发挥百分百的才能，同时也能高度集中精力。

那么，我们应该如何培养这种大脑呢?

接下来，我分三个阶段来说明如何育儿才能培养拥有良好专注力基础资质的大脑。

①脑神经细胞不断增多的0–3岁时期

②脑神经细胞发生“间拔”现象的4–7岁时期

③信息传递回路的机能不断发展的8–10岁时期

0–3岁（脑神经细胞不断增多）

最重要的是培养孩子的“本能”

0–3岁是大脑“信息传递回路”形成之前的阶段。虽然父母们想培养孩子专注力，但实际上，在这个阶段强行进行以“知识传授”为主的早期教育是不合适的。孩子如果感兴趣、学得很开心，倒也还算说得过去，如果不是这样的话，填鸭式的教育只会徒增这个时期孩子大脑的负担而已。

与之相比，在孩子脑细胞不断增多的3岁之前，更应该多去重视锻炼脑细胞所拥有的三种“本能”，即“生存本能”“求知本能”和“交友本能”。

专注力的起点是“感兴趣”“觉得有趣”“喜欢”“感动”等各种情绪。让孩子能够直率地表现出这些情绪，才是育儿的核心。这样做可以激活大脑本能，让孩子喜爱周围的人，还可以培养孩子的好奇心与探索的能力。

首先，父母要给予孩子充分的爱，让孩子从“生存本能”发展出“想得到爱”“想得到认同”的情绪。

其次，这个时期，孩子专心去做的事情，或者孩子特别感兴趣的事情，只要没有危险，就不要插手，直到孩子自己放弃为止。

最后，孩子与妈妈或同龄的小伙伴们一边享受竞争的乐趣，一边挑战新事物，可以锻炼“求知本能”和“交友本能”。

注重培养“传达情绪的大脑”

这一时期还有一个至关重要的主题：培养“传达情绪的大脑”。

一方面，父母需要了解孩子的情绪，另一方面，他们也要向孩子传达自己的情绪，借此来培养自己与孩子共情的能力。

如果大脑没有共情的能力，那么，妈妈不论怎么培养孩子的专注力，孩子都感受不到妈妈的努力。此外，在孩子玩耍、学习、运动的时候，他们跟小伙伴和朋友们共同参与这一行为，是培养专注力的一大要素。如果孩子不具备“传达情绪的大脑”，这一行为将很难实现。因此，在这个阶段，一定要提高孩子“同时开火”的能力，它是一种不可或缺的能力。

所谓“同时开火”是大脑内部信息传递的一种机制。

大脑神经细胞间的信息传递不是单向的，而是具有双向传递的性质。

信息由外界进入人体后，一旦被贴上“这个很有趣”“我很感兴趣”等积极标签，这个信息就会像“同时开火”一般，瞬间被传递到周围的细胞。我们把“细胞之间共享信息、统一思想的机制”称为“同时开火”。

“同时开火”也发生在人与人之间。

比如说，大家可能都有过这样的经历：当你看到有人悲叹时，你会因为感受到对方的悲伤而流泪。这就是大脑的“同时开火”在起作用，这其实跟“以心传心”是一致的。

你之所以能感受到对方的悲伤，是因为你接收到了对方的表情、泪水、动作、言语等信息之后，你的大脑中也运行了与对方大脑动态中枢核心相同的机制。

“传达情绪的大脑”就是可以“同时开火”的大脑。

孩子 3 岁之前，能培养他／她“同时开火”能力的人只有妈妈。

孩子非常爱妈妈。“爱”的程度越高，“同时开火”越容易实现。

妈妈要把自己想说“那个不行，这个不行”的冲动压制下去，温柔地盯着孩子并抚摸孩子的身体，满怀爱意地跟孩子对话：“是那样的，对吧？”“哇，宝宝好厉害啊！”“宝宝刚才是不是很开心？”这些都是培养孩子“同时开火”能力的第一步。

4–7岁（脑神经细胞发生“间拔现象”）

培养孩子发挥才能的专注力资质

4–7岁是大脑“间拔”不需要的神经细胞，培养孩子大脑“信息传递回路”基础的重要时期。

神经细胞的“间拔”现象，是为了让“信息传递回路的机能”更容易发展。如果保留不需要的神经细胞，那么，大脑的神经细胞网就不能充分扩展。因此，大脑必须筛选出“需要保留的细胞”和“需要舍弃的细胞”。

这一时期相当于“大脑的基础构建”阶段。从这一时期开始，父母要重点培养孩子发挥才能和能力的资质。

孩子发挥才能和能力的资质也会影响孩子提高专注力的

资质。因此，在孩子4-7岁时，着手培养这一资质是非常重要的。

孩子接下来将要面临的“信息传递回路的机能”能否顺利发展，主要取决于这一时期孩子是如何度过的。7岁以后，孩子的“自主性”将成为一个大的发展主题，因此，这一阶段也是为下一阶段孩子的发展做铺垫。

大脑神经细胞的机能随着遵循“统一／一贯性本能”的环境而变化。有鉴于此，妈妈要做的一件至关重要的事情，就是改掉孩子的坏习惯，培养那些可以提高孩子脑细胞机能的好习惯。

具体来说，这一时期育儿的关键点之一就是千万不要去要求孩子“要那样做，要这样做”。3岁之前，妈妈要求孩子“要这样做”还不是什么问题，一旦过了4岁，育儿的模式就得转而重视孩子“自己做事”的意愿了。

父母越是望子成龙，越是会急于告诉孩子“要那么做，要这么做”“那样不利，这样有利”。但是这样教育孩子，会让孩子丧失自主性，做事只考虑得失。

孩子心中无法产生“我要自己做！”的决心，并认为“我会有所损失，所以还是不做了”。正如我之前所说的，这样不利于孩子专注力的养成。

那些能够让专注力高度集中的奥运参赛选手，很多没有受到过父母“要这样做，要那样做”的要求。孩子的自主性从小就受到重视的话，长大后的脑力水平也会比较高。

注意改掉“坏习惯”

身处绩效主义社会，即便孩子的自主性不受重视，他们也会慢慢长大。但是为了不让孩子养成凡事以得失来判断、思考和行动的习惯，必须从现在开始培养孩子“有点损失也没关系”的思维。

这时，改掉“坏习惯”，有意识地吸收那些有益于大脑的“好习惯”很重要。这一点是这一时期育儿的第二个关键点。

哪些细胞会被保留，哪些细胞会被淘汰，完全取决于间拔时期“养成了什么样的习惯环境”。

我会在第三章详细介绍那些需要大家重视的习惯。“好习惯”能够不断拓展人的才能，培养人的专注力高度集中的资质。

如果从 4-7 岁开始培养孩子的习惯，仅靠这一点，孩子就应该能成长得很好。

这一时期，负责育儿的核心是妈妈。妈妈不要以“教授”的方式来进行，而要以“与孩子共同成长”的共育方式来进行。要抱着“作为父母，自己也要变优秀”这样的信念，重视自己的这种情绪和态度，把“共同成长”作为努力的目标。这是提高孩子专注力资质的最重要的秘诀。

8-10 岁（信息传递回路的机能不断发展）

培养孩子“主动做”的意愿

这一时期，“间拔”已经完成，脑神经细胞的树状突起不断发展，大脑的信息传递回路迅速进化。

孩子的大脑内部神经网络不断扩展，逐渐接近成人的大脑。

这一时期，父母必须要改变同孩子的相处方式。要牢记：像“要那样做，要这样做”这样的话是这一时期的禁忌。

孩子过了7岁之后，大脑追求“独立完成的喜悦”这一报偿性神经系统变得异常活跃。在“想自己做”这一“自我本能”的驱使下，“自己决定的事情要自己完成”的自主性开始产生萌芽，并在8-10岁时迅速发展。

孩子在婴儿时期也会有“想自己做”的愿望，后来这个愿望逐渐升级为“想自己做成”的愿望而进入“自主性”的完成期。

“我本来就想做来着”是大脑的拒绝反应

可是，现实情况却往往如此：孩子进入这个年龄阶段之后，会越来越多地受到来自父母的指示或命令，“你要好好学习”“你必须这么做”等要求开始变多。

其中，“你要好好学习！”绝对是父母说得最多的一句话。

虽然这句话本质上是父母为了帮助孩子而说的，可是在孩子“想自己做”的“自我本能”逐渐增强的时期，这些话反而让孩子很反感。

当父母说“你去学习啊”，孩子顶嘴说“我本来就想做来着”，可是父母一直等，孩子就是不行动，这种情况想必大家不陌生吧。

这种情况下，孩子因为父母先于自己说了这句话，所以很反感，处在一种没有干劲的状态。“自己决定的事情要自己完成”这样一个重大的主题就这样被无视了，大脑因此感到愤怒，“我本来就想做来着”是大脑表现出的一种拒绝反应。

要想让孩子的大脑产生“要不要做做看”的愿望，还要让大脑体会到“我独立做了”的成就感，就不能用指示或命令的方式，要多下功夫思考督促孩子的方式。这是这一时期育儿的一个关键点。

父母要凝练“好的会话”

“会话”的秘诀就是“让孩子自己决定如何去做”。

比如，父母可以这么说：“你可以这样做和那样做，你想怎么做？”“妈妈这样做比较顺，不过你觉得怎么做比较好？”

把问题抛给孩子，孩子就能回答怎么做。

父母可以简单地提示孩子应该怎么做，也可以让孩子从多个方案中选择一个。核心是让孩子自己决定“我要这样做”！

通过凝练这样的会话，孩子的大脑就能顺利发育，专注力的资质也能得到培养。

此外，需要注意的是，女孩对指示和命令的反感倾向要甚于男孩。

作为生育子女、守护生命的女性，她们的自主性萌芽产生得比男性更早，也更加强烈、坚定。因此，她们非常厌恶别人要求自己“那样做”“这样做”。养育女孩的父母要特别注意，多去尊重女孩，不要总是以要求的口吻。

总之，孩子过了 7 岁之后，要多去倾听孩子的意见。若不如此，孩子的自主性就得不到发展。

当父母跟孩子说“别跟我讲那些歪理，赶紧做！”“好啦，你赶紧做！”的时候，孩子就会失去独立去做的愿望，结果不仅无法提高专注力，而且还丧失了完成事情的能力。

你让孩子怎么做，孩子就怎么做的话，过了 10 岁之后，孩子的能力就得不到拓展。所以，在这一阶段，父母要把专注力放在提高孩子“独立做事”与“做成事情”的能力上。

最重要的是“间拔期”的相处方式

“间拔期”是孩子发挥才能的第一步

我在前文中提到，父母要根据孩子大脑的发展阶段实施必要的育儿策略，但即便过了这个时间，父母也不要慌。即使是成人的大脑，也仍然在发展中。所以，父母没有在孩子大脑发展的相应阶段做该做的事，并不意味着孩子的专注力绝对不行。

但是切记，4–7 岁是培养孩子“好脑”和提高孩子专注力资质的关键起步阶段。

从这个年龄阶段开始培养孩子资质的话，以专注力为主的各种能力才越容易发挥。在特定领域，如运动领域表现出惊人才能的人，基本上是从 4 岁开始就得到锻炼的。这得益于与这个特定领域相关的细胞没有被“间拔”且得以保留，并不断发展。

既然这样，为了让孩子发挥出众的才能，是不是应该尽早开始英才教育，让孩子集中做某件事呢？我对此并不能肯定。

那些天赋极强的人，很少是从斯巴达式的严格的英才教育中走出来的。可以说，那些在网球、高尔夫、钢琴等领域取得非凡成就的人，童年都有一定的相似性，他们对事物有广泛的兴趣，看到很多事物都会觉得“看起来好有趣”。

由父母主导的英才教育毫无意义

高尔夫球选手宫里蓝是从4岁开始学习高尔夫的，可他并未接受过严格的英才教育。只是在两位高尔夫球职业选手哥哥的旁边，一边看一边模仿挥球杆，虽然是空挥杆，却受到周围人的不断鼓励。

宫里蓝真正开始打高尔夫球是在小学五年级，但也不是只打高尔夫球，他还弹钢琴，打棒球、篮球等。最终他感觉自己“还是比较喜欢高尔夫球，决定打高尔夫”。宫里蓝按照自己的意志做了决定，并最终登上职业高尔夫的顶峰。

很多职业运动员的共同点是，在做各种自己喜欢、开心的事情的过程中，最终自己选择了现在的领域。还有一个共同点就是看不到任何一点他们的父母提出“要去做”等各种要求的影子。

父母倾向于认为，运动、钢琴、绘画等活动要从小开始以英才教育的方式培养，才能让孩子能力提高。也有不少孩子认为，汉字、计算等从小就开始比较好。

“越早越好”，这种观点既有对的地方，也有错的地方。

大脑神经细胞“间拔”期间，相关的细胞确实容易被保留下来。不过，这需要一个前提条件，那就是孩子对这些东西“感兴趣”“喜欢”才行。

父母按照自己的意志让孩子学习的话，如果孩子不“喜欢”、不“快乐”，这些就不会变成孩子的能力。不喜欢就很难做好，专注力也就很难集中。

父母的引导方式要让孩子感兴趣

4–7 岁对应大脑的“间拔期”，孩子还没有能力独立找到自己想做的事情。父母要在一定程度上给孩子创造条件，让孩子去探索。

重要的是，父母要去创造亲子互动的环境，比如，父母为孩子演奏乐器，跟孩子一起练习游泳、体操。如果已经让孩子学习了，那么，父母也可以在家跟孩子一起学习。

给孩子创造了环境，孩子应该就可以慢慢感兴趣了。

孩子感兴趣之后，会自己主动说“我想做”“很有意思，我还想继续”。这个时候，父母要尽可能地大力支持孩子，让孩子得到良好的指导。

以孩子的兴趣为起点，创造自己能力范围内最好的环境，这才是拓展孩子才能的真正的“英才教育”。

知识、学习能力自不用说，“感觉”“感性”等也不是天生的资质，都可以通过后天锻炼大脑来提升。

孩子的大脑机能都是一样的。是否有“感觉”“感性”，是否能在某个领域发挥出才能，全都取决于养育孩子时跟孩子的相处方式。

7 岁之后：父母要绕到孩子身后

不要插嘴和插手

7 岁之前，大脑神经细胞一直在进行“间拔”，父母以孩子的兴趣、喜好为出发点，走在孩子的前面，对其进行适当的引导是很重要的。但是孩子过了 7 岁之后，这个方式就不管用了。

8–10 岁时，孩子“想自己完成事情”的愿望变得越来越强烈，如果父母还像以前那样去插嘴或插手的话，孩子就会只做父母要求的事情，或父母越要求就越不做。

这两种类型的孩子都丧失了宝贵的主动性，哪怕开始做了，也不能集中精力去做。

即便没到这种程度，妈妈们还是急于想把孩子培养好，容易把自己的意志强加于孩子。

“这个时候要这么做”“你好好记住”“别拖拖拉拉，赶紧做完”“不是那么做，应该这么做”“那么做不对吧”……想必大家都对这些话深有感触吧！

所以，对于 7 岁之后的孩子，就不要总插手、插嘴，要收起那种拔苗助长的育儿方式。

孩子已经发展到这个阶段，他们独立完成事情的愿望越发强烈，父母应该充分利用孩子的本能，促进孩子能力的提高。要信任孩子的能力，充分锻炼孩子的“自我本能”，让孩子获得一种“使命感”。

重要的不是甩手不管，而是“共同烦恼”

综上所述，培养孩子专注力的秘诀，就是孩子 7 岁之后父母摆正自己的位置。

父母要完成一个巨大的转变：从站在台前指导孩子，变成退居幕后支持孩子。

可能有的妈妈会这样说：“父母最好什么都不做就可以了，是吧？”“是不是只要让孩子自己去想就行了？”然而，退居幕后与撒手不管完全是两码事。

退居幕后的育儿方式，意味着父母要重视孩子的自主性，与此同时，心里想着“妈妈绝对会支持你的，不论什么情况，妈妈都会站在你一边”，在关键时刻挺身而出。

当孩子在学习、学艺、运动或者交朋友的过程中遭受挫折、烦恼的时候，父母可以这么说：“妈妈是这样想的，你怎么想？”“妈妈也不是很懂，但是要是这么做，怎么样？”父母跟孩子一起思考、共同烦恼，有利于孩子能力的拓展与提升。

在这种养育环境下成长的孩子，能够逐渐获得集中精力思考和做事的能力。

第3章

造就孩子专注力资质的10个好习惯

4岁开始就要重视的10个习惯

全家一起培养“好习惯”

本章介绍注意力集中的孩子所必备的习惯和需要拓展的“空间认知能力”。

要提高孩子专注力，第一个注意点是让孩子养成对事物“感兴趣”的习惯。

第二个注意点是培养孩子对于自己感兴趣且初步了解的事物形成“想进一步了解”“想做出正确判断”的习惯。注意不要让孩子养成“哎呀，差不多啦”“之后再做”的坏习惯。

第三个注意点是让孩子养成“独立思考和做事”的习惯。换句话说，孩子能够表达“妈妈那么想，可我却这么认为”。

我们总结了10个“好习惯”，帮助孩子培养这三个注意点。孩子4岁之后，妈妈在每一天的育儿过程中都要意识到这一点。

但也有一点需要注意。

什么都放任不管，孩子不会养成好习惯，但父母单方面一味要求孩子“你必须养成好习惯”也是行不通的。

要想让孩子养成好习惯，重要的是父母以身作则，躬行实践这些“好习惯”。

孩子看到自己的爸爸妈妈在做，即便不说“你要这么做”“那么做不行”，在“同时开火”的作用下，孩子也会自己学着做。

爸爸也要参与其中，全家总动员，整个家庭都能养成这些“好习惯”，自然形成一种氛围，孩子在“统一／一贯性本能”的驱使下，潜移默化，就会觉得“那是理所当然的”。

千万要记住，父母要用心去做，以身作则才能共同营造出一种“那是理所当然的”氛围。

① 要对事物感兴趣、能够感动

专注力所有的出发点都是对事物抱有“感兴趣”“喜欢”“有趣”等情绪。从这一点出发，就需要培养孩子的“喜爱能力”。

如果孩子总说“看起来不是很有趣”“这个好无聊”“那

个无所谓”等，那么，父母首先要做的是向孩子传达事物是多么有趣，“真的很有意思哦！”，让孩子感受自己能乐在其中。

如果父母平时总说一些积极的话，如“这个看起来好有趣啊！”“这个，特别棒哦！”“感觉好期待啊！”……孩子慢慢也会这样看待事物，“看起来挺好玩的”“可能会喜欢”，这样一来，孩子也逐渐养成了用积极的眼光看待事物的习惯。

要想获得“喜爱能力”，就要注重保持微笑。因为A10神经系统会给信息贴上“喜欢”“讨厌”的标签，而且它还连接着面部表情肌肉，面露笑容的时候，信息就不容易被贴上否定的情绪标签，更容易产生积极情绪。

因此，可以养成习惯，每天早上跟孩子一起笑。

重视笑容，让积极、有趣地看待事物形成习惯并在家庭中扎根，这是培养孩子单纯地对事物感兴趣、感动的一个关键点。

② 不用否定的言语

一旦使用“做不到”“不可能”“辛苦”等否定词汇，A10神经系统就会给所有这些信息贴上“讨厌”的负面标签。

一旦被贴上负面标签，只要涉及这个信息，大脑就不再会积极运转，不再会去理解、判断和思考。大脑不会产生“想要进一步理解”和“想要进一步思考”的愿望，也就不能产生专注力。

因此，当我们要着手做某事，或者已经在做一件事的时候，要养成好习惯，不要将“啊，我已经不行了！”“不行，做不到！”等有否定意味的话挂在嘴边。

当然，除了孩子自己不说否定词语，父母在孩子想要做某件事、挑战一个新事物的时候，也不要说“那个你做不到！”“不可能！”“看起来还是蛮辛苦的”等。不如说“哇，看起来好有趣！”“做的话，一定会很开心的！”父母要给这些事情贴上积极正面的标签。

为了不让孩子说否定词语，可以夸奖孩子做好了的事情或者正在努力的事情：“这里做得真棒！”也可以鼓励孩子：“这里，这样会不会更好？”

还有一点需要重视的是，父母自己不要将“讨厌”“辛苦”“不可能”“好累”等当作口头禅。虽然这些抱怨很容易就脱口而出，但是，请记住，否定词语对大脑产生的负面影响之大远远超乎大家的想象。

③ 不要习惯把事情“推后”

一旦养成“把现在应该做的事情推后”的坏习惯，大脑就无法通过做成事情感受愉悦，报偿性神经系统慢慢就不起作用了。大脑没能得到褒奖，就不能产生“自己来做”的愿望。

如果孩子经常说“等之后再做”“现在不做也没事”，就很难养成集中精力所需的“独立完成事情”的能力。所以，当孩子说“以后再说”“再过一会儿就做”这一类话的时候，父母要想方设法不让孩子养成说这些话的习惯。

比如，当孩子正在看电视或打游戏，把该完成的任务推后的时候，他／她如果说：“现在正到有趣的时候，停不下来啊！”父母可以先重复一下孩子的话，对孩子的情绪进行共情：“是啊，确实现在挺有意思的啊！”然后在此基础上询问孩子：“但是，现在不去写作业，就得很晚才能睡，起床就很痛苦了哦。所以，你打算怎么办？”或者“现在做作业的话，你吃完饭之后就可以好好玩了。吃完饭之后你是想做作业，还是玩游戏？你想选择哪个？”

父母要想办法促使孩子说出“现在做”。

还有一个方法不让孩子拖延推迟，就是想办法让孩子尽快决断和执行。

比如，让孩子考虑从学校回到家直至睡觉前的这段时间的安排，制订一个计划表，或者让孩子自己考虑“哪个先做”，让他来确定事情的先后顺序，考虑该做的事情在“什么时间节点之前”完成，他自己划定截止日期。

要想培养孩子的专注力，父母要把“既然要做，那就现在做！”当成一个口号，而不是“留到以后做”。

④ 不要只考虑效率，却忽略了质量

这个习惯在专注力发挥的时候会起到很大的作用。它与下一个习惯“无论什么事情都做到最后”密切联系。父母要让这个习惯在孩子身上扎根。

“做这件事没有回报，就睁一只眼闭一只眼吧！”“做到不吃亏的程度就可以了”……如果这些想法一旦成为行事作风，那么，做事就变成计较得失，只根据结果选择自己努力或不努力了。

如果孩子觉得“可以不努力”，就不会产生“自己要做”的愿望。

学习、运动、技艺等都需抱着“既然要做，就要全力以赴”的坚定决心才能做好，拿出成绩来。

父母如果过于考虑得失，一味要求孩子“如何做更快、更高效”，久而久之，孩子就会养成“追求效率而不注重质量”的习惯。

大脑已经发育成熟的成年人凡事考虑效率，比如，要高效地做家务，这倒无可厚非。可是父母告诉孩子“效率优先”，只会影响大脑尚处于发育阶段的孩子的成长。

正因为孩子处于成长阶段，所以要好好培养孩子“单纯地”全力以赴的能力。

⑤ 凡事都要有始有终

养成“无论做什么事都要做到底”的习惯是培养孩子专注力的另一要素。孩子养成这个习惯之后，可以产生“无论什么事情我都能做好”的自信。

既然如此，那就不能以“基本上做完了”“差不多了吧”来草率了事。开始阶段，孩子专注力高度集中，铆足了劲去做事，然而，在做的过程中，一旦认为“哎呀，这样也差不多了吧”“基本上做完了”，情绪就会松懈下来，专注力也不能集中了。养成这种习惯之后，就不能真正把事情做到底了。

“基本上完成了”“哎呀，差不多了吧”……一旦开始这样想，报偿性神经系统的机能就会当场停止运行，大脑就再也无法拿出更多的脑力了。做事不半途而废，无论在育脑或是在培养专注力方面，都非常关键。

所以，当孩子说“基本上完成了”的时候，父母回应“还有什么没有完成的吗？”“把事情完整地做到最后很重要哦！”，让孩子养成完美做事的习惯。要让孩子养成这个习惯，引导孩子做好收尾工作也是非常有效的。

做事常以“哎呀，差不多了吧”结束的孩子，往往家庭也是这种氛围。因此，要重视全家一起养成做事做到底，凡事有始有终的好习惯。

⑥ 认真倾听别人说话

“倾听”这一行为，如果不全神贯注，是办不到的。换句话说，认真听别人说话，可以提高专注力。

能认真倾听别人说话的孩子，好奇心和探索欲都比较强，更容易对事物感兴趣，也更容易感动，“哇，好棒啊！”“真有意思啊！”这些情绪牵动着“想做做看”“想进一步了解”的想法，也影响着专注力的发挥。

当然，通过认真倾听别人说话，还可以更好地理解学到的东西，也可以提高学习和运动的能力。

孩子认真倾听别人说话的习惯，不少是从父母认真倾听自己说话那里学到的。因此，父母要首先养成认真倾听孩子说话的习惯。

尽管很多时候父母因为工作、家务特别忙，但是当孩子找父母说话的时候，父母还是要做到一边倾听一边回应：“哎？”“然后呢？”“真有趣啊！”

孩子有意见或想法的时候，不能不分青红皂白地否定：“你都说的什么无聊的事啊！”而是应该先感叹道：“这是你想出来的吗？你真是太有才了！”“妈妈可想不到啊！”然后去倾听孩子的解释。这样一来，孩子的思考能力也能提升。

孩子在听别人说话的时候，父母可以跟孩子说“看起来能听到一些有意思的事情呢！”“我觉得一定能听到一些有用的事情哦！”，从而培养孩子专注地倾听别人说话的习惯。在这样的氛围里，孩子将来就可以养成充满好奇心地专心听别人说话的能力了。

还有一个重要的事情，就是不要反复地或者一直严厉地要求孩子要好好听别人说话。父母越是反复地说，孩子为了保护自己，大脑就开始调用“自卫本能”，就会装作听的样子，而实际上把别人的话当成了耳旁风。

⑦ 坦然地表达失败，说出自己做不到的事情

大脑通过明确“何时做、做什么、如何做”来发挥作用。知道自己要做什么，大脑就会正常运转。

失败、失误和没做成的事情意味着当时的自己有不足之处。因此，重要的不是去反省，而是在攻克下一个目标时改变方式，弥补不足就可以了。

我们来按照上述思维看看孩子的失败、失误和没做成的事情。如果父母责备孩子说：“你为什么犯了这样的错误？”“你要是这么做该多好。”孩子的大脑就会开启“自卫本能”，把失败归咎到别处，或找个借口搪塞，或隐瞒真实的原因。或者，有些父母跟孩子说“为了不失败，你按照我说的做吧”，这样又会让孩子丧失自主性。

父母要告诉孩子，所谓的失败和失误都不是坏事，“知道自己接下来要怎么办很重要哦”，这样做可以让孩子今后坦然地说出自己的失败和失误。

父母也可以把问题抛给孩子：“为什么没做到呢？你觉得该怎么改进，下次就没问题了？”“妈妈觉得可以这样做，但你怎么看？”这样一来，孩子就可以独立思考自己下次该怎么调整了。

⑧ 不要轻视别人

再啰唆一遍，“感兴趣”和“喜欢”是提高专注力的第一步。孩子通过获得“喜爱能力”，从而使注意力集中。“喜爱能力”不仅指对待事物方面，对待人也是如此。

比如，孩子要是讨厌学校的老师，肯定很难集中精力去听自己讨厌的老师讲话。

一旦讨厌某一位老师，A10 神经系统就会给这位老师的话也贴上“讨厌”的标签。以至于听这门课都变成了“无聊”“没兴趣”的事情，逐渐地，孩子就会难以理解课堂内容，记忆也就变成一种折磨，集中精力听讲也就无从谈起了。

老师也是人，并不完美。但是如果这个时候父母也跟着说老师坏话，“那个老师不好”，或者轻视老师、把老师当傻瓜，“那个老师不行啊！还配当老师吗？”孩子也许会不自觉地向父母学，轻视老师。

“喜欢他人”“尊重他人”的能力，越是小时候，越应该好好重视和培养。孩子要想通过“同时开火”来与对方达成心意相通、心有灵犀，前提就是要“喜欢对方”“尊重对方”。

孩子在跟伙伴们组队比赛、发表调查结果、制作某个小发明的时候，要想做到“与大家共同努力”，就必须喜欢自己的伙伴、尊重自己的伙伴，启动“同时开火”的能力。要知道，“与大家共同努力”是培养专注力最好的情境。

培养孩子“喜爱他人”“尊重他人”的能力，父母在孩子面前轻视老师、说别人坏话绝对是一种不明智的选择。

如果孩子轻视别人，父母就应该引导他／她去关注积极的、好的方面：“是吗？但是妈妈觉得这一点还是挺棒的！”“我觉得这正是别人无法模仿的厉害之处哦！”。

⑨ 创造可以集中精力的环境

很多妈妈找我咨询时说：“我家孩子一会儿就走神了，完全不能集中精力。”一番详细询问之后，我发现，很多案例中孩子专注力无法集中都是必然的结果。

比如，孩子正在客厅学习，爸爸一只手拿着一瓶啤酒，一只手拿着遥控器在边上看电视，在这样的环境里，孩子能集中精力才怪呢！

孩子正在学习，妈妈在边上不住地插嘴：“那儿不对！”“不是那样的吧？你集中点专注力！”孩子会说：“好烦啊！你到那边去吧！”这些做法只会让孩子丧失学习的热情和动力。

在不能集中精力的环境里，即便父母要求孩子集中精力，孩子也做不到。

如果不给孩子创造可以集中精力的环境，那么，父母就不可能要求孩子集中精力。

建议父母可以跟孩子约定：孩子学习期间不允许开电视。也可以为孩子准备一张小桌子，告诉孩子："这个地方是个特别的地方哦，只有你才能碰。"

父母要为孩子创造一个谁都不能接近、只有孩子可以使用的学习空间，它可以是客厅一角，也可以是走廊。跟孩子说："这里是你的秘密基地哦！"放一张小桌子的话会更有效。"秘密基地"，这个带有魔幻色彩的词有着神奇的功效，即便父母不说，孩子也会自己主动去接近的。

父母一旦赋予孩子"独立做"的愿望，就能让孩子集中精力学习。所以，父母可以通过一些努力，给孩子创造能够集中精力的环境。

⑩ 反复深入思考

培养孩子脑力的时候，让孩子形成"对同一件事进行反复思考"的习惯也非常重要。有了这个习惯，孩子做事就不会停留在"大体明白了""已经差不多了"的状态。即便是曾经已经理解的事情，孩子也会产生“想做正确的判断”的积极想法，能够集中精力继续思考，直到自己真正认同为止。

对同一件事进行反复思考，可以锻炼孩子的“统一／一贯性本能”，也可以锻炼孩子发现细微差别的洞察力，从而很快地意识到自己的错误，判断出微妙的差异。

养成“对同一件事反复思考”的好习惯的孩子，能够深入思考、体察入微，判断力和理解力都会不断提高。孩子渐渐就可以独立表达自己的想法：“妈妈，那个不对，应该是这样的。”“爸爸那么说，可我却这样想。”……最终，孩子会成长为一个敢于表达、有卓越能力的人。

姿势影响专注力

端正姿势可以让人正确理解事物

经常能听到“调整好姿势”“后背挺直”的说法。想必大家小时候也曾经因为这种事被父母纠正过吧，而且您的孩子也没少被提醒说“要调整好姿势”“你后背有点弯哦”。

但是很少有人知道为什么要“调整好姿势”。

虽然姿势优雅，看着也会感觉很舒服。但是，这不是要求调整好姿势的主要原因。

调整姿势为什么重要，主要是因为姿势随意的话，身体就会失去平衡，就很难正确理解事物，也很难集中精力倾听别人讲话。

小脑里面的“蚓部”与人的身体平衡有着紧密的联系。大脑通过“蚓部”掌握身体平衡，同时处理由眼、耳输入的信息。

姿势不正，体轴就会倾斜，视线也会倾斜。视线倾斜就会导致经过左右眼输入的信息有差异。而大脑需要做的一项工作就是处理左右眼收集的信息，这样一来，大脑很容易疲劳，我们也就很难集中精力了。

大脑活力降低，无论运动方面还是学习方面当然就做不好，甚至还会导致我们在所有情况下都难以发挥实力。因此，优雅正确的姿势是关系孩子能力提高的重要因素之一。

被认为是超一流的人，他们的姿势都是很优雅的。特别是运动员，他们之中没有一个人是姿势不好的。

在运动领域，视线倾斜导致信息偏差，进而影响身体行动的时机。因此，超一流选手的站姿、行走的姿态都非常优雅。

让孩子理解为什么要这样做比单纯地要求更有效

大家已经充分理解了端正姿势的重要性。

有一些妈妈会问："不管我说多少遍，我家孩子都不会改变错误姿势，我说完之后，他又立马回到老样子。""提醒多少遍都不能让孩子改变姿势。”这已经成为妈妈们的烦心事了。

但是，如果妈妈能耐心地跟孩子讲清楚原理，孩子就会理解并努力改正。只跟孩子说“要调整好姿势”，这句话是进入不了孩子内心的。

我曾应一位小学校长的邀请，为一年级到六年级的小学生做了一场讲座。

讲座的主题就是“姿势”。

“要是姿势不够优雅，能力就不能发挥哦！那些优秀的人都是站有站样，坐有坐样，他们跑步、行走都非常优雅。”

我刚讲到这里，有一位一年级的孩子突然举手提问：“你的腿那么耷拉着，对吧？你觉得那样很美吗？”经他这么一说，在场的所有人好像被弹了一下似的，全都并腿重新坐好了。

接下来，我讲道：“那些厉害的人的姿势都很端正，所以视线都是水平的。大家的视线都是倾斜的，对吧？”于是，大家为了让自己的视线保持水平，都重新调整了坐姿。

讲座期间，虽然多少会有个别的孩子没把腿并好，但是在场的孩子们大多数都保持了良好的坐姿，完整地听完了60分钟的讲座。

后来，孩子们给我寄来了感想。令我吃惊的是，虽然孩子们都没有做笔记，但是连一二年级的孩子都清楚地记得讲座中的五点内容。通过调整姿势，这些孩子们确实注意力集中了，认真听完了讲座。

还有一件事情让人更开心。虽然有些内容对孩子们有点难，但我还是讲了："水平视线输入的信息不需要大脑重新修正，左右大脑就可以同时发挥作用。所以，大脑就不会疲劳，也能看清事物，判断力也随之提高。打棒球的同学，一定要记得让自己的视线保持水平哦！"在场的人中，就有少年运动社团棒球部的1号、4号、7号击球手。

讲座结束一周之后，县（译者注：日本行政单位"县"相当于中国的"省"）里举行少年棒球大赛，据说这些孩子们连续猛打，状态非常好。随后的比赛里，他们捷报频传，最终获得冠军。孩子们特别高兴地说："林老师简直太神了！"

即使是孩子，当他们在理解了做法的重要性之后，也会按照“统一／一贯性本能”去学着做。

因此，不要只告知孩子“要调整姿势”，重要的是还要一并告诉孩子调整姿势必要性的原因。

姿势是否端正关乎“空间认知能力”

姿势是否优雅端正关乎专注力。姿势端正，身体就不容易疲倦，就能够维持专注力。

端正姿势有三个关键点：

1. 视线保持水平
2. 后背挺直
3. 左右肩（肩胛骨）保持相同高度

请父母对照这三点来观察孩子有没有端正姿势。

姿势优雅端正可以提高孩子的“空间认知能力”。而“空间认知能力”是提升所有能力不可或缺的大脑机能。

锻炼大脑机能的秘诀之一就是习惯优美端正的姿势。

锻炼“空间认知能力”

“通过空间把握事物的能力”就是“空间认知能力”

空间认知能力，是发挥“文武双全脑”才能不可或缺的要素。

想必很多人都听说过，“空间认知能力”对数学能力影响很大。

空间认知能力，是通过空间认知事物的位置关系、距离、方向性的能力，比如，朝某个目标正确投球，根据目标物体或对手的节奏来移动身体，保持平衡骑自行车等。空间认知能力和运动能力关系密切。

不仅如此，在把握时空方面，“空间认知能力”也不可或缺。

比如，为了赶上规定的集合时间而想象时间的流逝，看地图来明确集合地点的路线等都属于空间认知能力。思考时规划事物的步骤，看书时想象具体的情景，用3D思维想象立体的物体，将想法图示化，将看到的物体描绘成画，跟人相处的时候考虑对方的节奏……所有这些都有空间认知能力在其中发挥巨大作用。

总是赶不上集合时间、推进工作的时候总是不得要领、不擅长运动、对数字不敏感、路痴等，也都是因为空间认知能力不够好的缘故。

“空间认知能力”的特征在于，大脑各个中枢都参与其中。通常来说，运动由运动中枢这一部位负责，但是空间认知能力不仅涉及空间认知中枢，还涉及另外四个部位。

1. 视觉中枢（对由眼睛输入的信息起作用）

2. 语言中枢（对由耳朵输入的信息起作用）

3. 前额叶皮层（发挥分辨、判断微妙的差异，预测未来功能）

4. 海马回、脑缘（发挥思考、考虑问题功能）

由此可以看出，空间认知能力在大脑各处都有功能。空间认知能力在各个方面都发挥着至关重要的作用。

可见，从小锻炼孩子的空间认知能力，对于培养大脑、发挥潜力很有帮助。

男孩与女孩的空间认知有差异

事实上，空间认知能力有性别差异。

男性的视觉中枢是空间认知的基础。“视觉性空间认知”能力较强，因此男性一般能够看到立体图形背后的部分、能够准确目测距离、能够应对移动的物体。这些都是男性所擅长的。

而女性则不同，女性的语言中枢里有很多空间认知细胞，因此，女性一般擅长“语言性空间认知”。女性热衷聊天，因为她们“语言性空间认知”非常发达，聊天有助于归纳思路、产生想法。

聊天聊出干劲是女性大脑的一大特征。这一点在女孩身上也是一样的。很多时候，你让一个男孩子说话，他会愣半天，终于等他说话了，你又听不清他在支支吾吾说什么。而很多时候，女孩是非常擅长聊天的。

女性在聊天的时候，她们的大脑会不断产生新信息，因此经常会出现“对了，我一开始想说什么来着？”这种情况在男性看来，“都是因为你净说些无关的事才这样的”。虽然男性在心里这样想，但是假如那么说出来的话，恐怕会遭到女孩的“报复”吧！因此，他们会静静地等待女性回想起之前的那个话题。

这个话题到此为止吧。男女所擅长的空间认知能力有所不同，所以，在锻炼大脑认知能力的时候要充分考虑这一点。

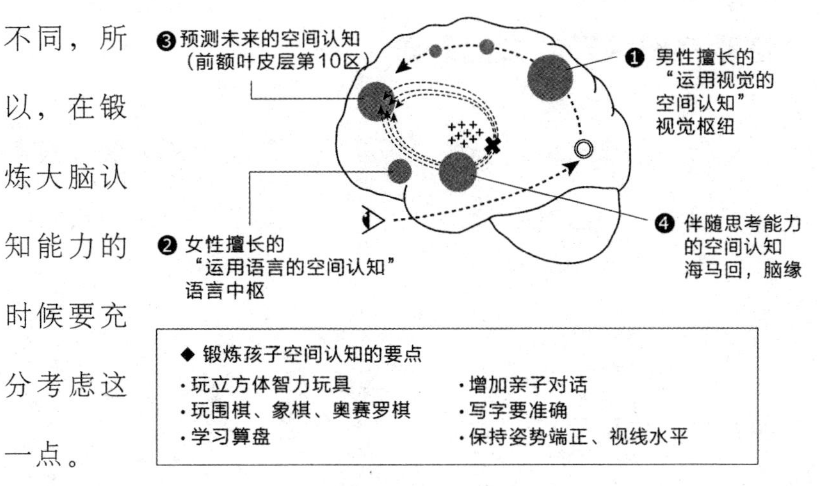

图6　空间认知能力的四个部位

比如，锻炼男孩“语言性空间认知”确实对他们比较有帮助，但是，要注意增加说话的量，让他们多说才比较有效。

再比如，闭上眼睛听故事，然后将故事画成画，这种需要调动海马回中的空间认知功能的事情，男孩普遍觉得有困难。因此，可以从基础练起，鼓励男孩：“你要不要试着想象一下刚才讲的故事？”

女孩要重视锻炼“视觉性空间认知”能力。可以多让女孩做一些训练，比如观察物体准确作画，玩立方体智力玩具等等。

锻炼空间认知能力的方法

除此之外，还有以下一些锻炼空间认知能力的方法。很多都是可以边玩边进行的，因此，父母可以跟孩子边玩边提高能力。

■积木、拼块玩具

可以让年龄比较小的孩子多玩积木、拼块玩具。需要注意的一个基本点是，不要用圆形和三角形的，只用立方体和长方体的四角形积木或拼块。

无论怎么摆放，无论从哪个方向看，四角形都是相似的形状。而“统一／一贯性本能”偏好平衡和一以贯之的秩序，因此，这样做可以锻炼孩子的“统一／一贯性本能”。

孩子在堆积木、观察积木的过程中，“统一／一贯性本能”得到锻炼。孩子能够逐渐理解形状和位置关系，也就逐渐具备了空间认知能力。

■围棋、象棋、奥赛罗棋

如果积木或者拼块玩具不能让孩子尽兴，可以考虑给他们玩立方体智力玩具或者棋盘游戏。

在棋盘游戏中，最好的是像围棋、象棋、奥赛罗棋这类带格子的游戏。面对由格子构成的棋盘，在考虑如何摆放棋子、如何进攻的时候，孩子的空间认知能力就得到了锻炼。

总之，通过在棋局中相互较量，大脑前额叶皮层的空间认知能力得到了锻炼，孩子们就掌握了“辨别和判断细微差异的能力”和“预测未知的能力”。

象棋和围棋的棋手们在比赛的时候，每下一颗棋子都要提前考虑很多步。他们在头脑当中也能够下棋，这一技能要归功于小时候就接触象棋和围棋而获得的空间认知能力，特别是“预测未来的能力”。

■认真写字

认真写字、注意细节也能够锻炼空间认知能力。

让孩子写字的时候，线的长度与空白区域要平衡、角与角要呼应、线与线的连接完整、点横撇捺都要好好书写。

字不一定要求写得很漂亮，重要的是让孩子养成认真写字、注意细节的习惯。

■闭上眼睛垂直跳跃

运动领域也有锻炼空间认知能力的方法，就是通过闭眼垂直跳跃。如果空间认知能力不能很好地发挥作用，跳起来之后的落地点就会不稳定，脚就不会踩在同一位置。

可以用胶带在地板上做一个“×”样式的标记，调整好姿势之后，闭上眼睛反复练习向上跳。孩子们可以相互竞争，以比赛的形式来练习，看看谁能最先做到踩到同一位置。

能够踩到同一位置的话，体轴就调整好了，视线也就变得水平了。

■跳绳

在类似的训练中，跳绳也很值得推荐。可以在地面画一个圆圈，在跳的时候注意保持在圈内。也可以比比，看谁能在圈子里跳得最多。

习惯了平地之后，可以试试在有斜面的上下坡跳绳。这时如果不提醒自己“跳起来之后要落到圆圈里”，体轴就会向低处倾斜，就很容易偏离到圈外。这比在平地上跳跃难度要大得多，但也更好玩，训练也更有效。

■投接球练习

投接球练习，不光可以锻炼孩子的空间认知能力、让孩子愉快地活动身体，还可以促进亲子间的交流。

正确地向对方投球和接住飞来的球这一系列动作，可以锻炼衡量空间距离的能力。而且，这些运动还有利于提高运动员观察对手移动的敏锐观察力。

除了投接球练习,相互踢传球练习也可以起到同样的效果。

重视孩子的节奏，而不是父母的

父母的节奏合适吗?

事实上，“空间认知”也是“間合い”（译者注：“間合い”有“物体之间的距离”和“采取某一行为的时机”之意，但是考虑到本书的语境，将其译为“节奏”）的科学。

这样说可能很多人不是很理解。一般而言，“間合い”是指与对象的距离和空间。所以，与认知空间中位置关系、距离和方向有关的“空间认知能力”，就是对“間合い”这个说法的一个科学化表述。

其实，我所说的“間合い”跟“空间认知”没有关系，它实际上是构建人际关系的一大要素。

比如，大家在跟朋友、有业务往来的人相处的时候都会考虑对方的性格类型与特点、自己应该表现出的热情与亲密度。

也就是说，要认真观察对方的特点，来考虑距离感和相处方式。这就是在考虑“間合い”。

与人共事时多考虑对方的节奏，让其心情舒畅，或者根据对方的节奏来调整自己的节奏，这样做比较有利于双方构建和谐的人际关系。

成人之间能够做到这一点。可是，一旦父母在跟孩子相处的时候，不知为什么，这个“节奏”却很容易变成“以父母为中心”。育儿不重视孩子的节奏，却以方便父母的节奏来进行。这种情况有增多的趋势。

“快点”是专注力培养的禁语

如果想拓展孩子的能力，那么育儿就要非常重视孩子的节奏。

孩子的大脑成长速度有快有慢，因人而异。观察孩子所具有的节奏和步伐，判断孩子的性格类型都很有必要。通过观察，父母才能找到适合孩子成长的最合适的节奏。

其中有一些例子很典型，比如，妈妈会斥责孩子说：“你要磨蹭到什么时候？！”“快点！”这种教育方式是最无视孩子节奏的一种教育方式。

不考虑孩子的节奏和步伐，一味地按照父母自己的心情和状态不断地叮嘱孩子要“快点”，这样的做法会导致孩子的大脑无法充分发展。如果从小就在这种催促中长大，本该在相应阶段发展的脑力就无法提高，孩子的才能也就很容易毁掉。

觉得孩子“总是磨磨蹭蹭的，让人很犯愁”的父母，其实只是想让孩子跟上自己的节奏和步伐而已。

虽然父母可能会想说“可是，早上没有那么多时间啊”“我自己也有很多事情要做啊”，实际上，父母可以再稍微花一点心思，比如，早点叫孩子起床，给孩子营造一个可以自己主动做事的语境与环境。

有些孩子很像序章中提到的直子。如果您的孩子是一个慢节奏的孩子，您要这样想：“这个孩子的大脑机能需要花时间来慢慢培养。”如果从这个角度出发跟孩子接触，那么，您再来看孩子的状态就不一样了，孩子将不再是“做事慢吞吞的孩子”，而是一个“在充分发展大脑的孩子”。

“合乎节奏的会话”能提高孩子的理解力

跟孩子说话的时候要注意节奏。人在理解事物的时候，“会话合乎节奏”是一个很重要的因素。因为如果会话合乎自己的节奏，理解就会更深入。

我在演讲的时候会观察会场的所有人，说话时尽量照顾到每个人。我会重视配合听众的节奏，根据他们的节奏来调整自己说话的节奏。

如果老年人比较多，我会让节奏慢一些，有时候原本一个小时的讲座会延长到一个半小时。如果为了赶时间而忽略听众的节奏，那么，讲座的内容也不能为听众所理解。最后的评价只会是“说得太快了，还没明白怎么回事就结束了”。

重视节奏的说话方式比较容易唤起“同时开火”的机制，这样一来，会话内容能够深入对方的大脑，得到深入的理解。

跟孩子进行“合乎节奏的会话”也很重要。父母如果按照自己的节奏不停地说，一点不考虑孩子的节奏的话，就很难让孩子听进去。孩子连听都听不进去，自然很难理解内容。

所以说，父母也要培养自己“尊重节奏”的能力。孩子越小，育儿越要尊重孩子的节奏，这一点非常重要。

练习："毁掉孩子才能萌芽的禁词"与"激发孩子自主性的会话"

父母跟孩子说话时，越重视孩子的兴趣、意愿，孩子的大脑越能顺利发育，专注力越能集中。重点是要多使用那些唤起 A10 神经系统"感兴趣""喜欢"等积极反应的话语。

注意不要使用以下禁词，要掌握一些激起孩子主动做事意愿的说法和会话方式。

毁掉孩子才能萌芽的禁词

"不对！不是那样的！"

"做！""必须！"

"别磨磨蹭蹭的，抓紧！"

"之前不是说过嘛！""我说几遍你才懂啊？！"

“为什么连这点事都做不到？！”

“那个你做不了。不可做到的！”

“那个就那样吧，你来做这个！”

“你那么做有什么用？”“没什么好处，最好别干。”

“那个老师不行啊！”“那个孩子真粗鲁！”“你可不能输给那种小孩！”

“别想那些没用的事，你来做！”

“我可是都是为了你才这么说的！”

“你就只管学习就行了！”

“我不想听你解释！”

激发孩子自主性的会话

■“孩子听得进去”的会话

“你想……对吧？妈妈也想……呢。”学小孩子说话，跟孩子共情，之后再说明不赞成的理由，“但是呢……”

■“与孩子共情”的会话

“刚才怎么样？”“然后呢？”“还真是那样呢！”一面回应一面倾听孩子说话。

“哎，那么，这个怎么样？”“后来怎么样啦？”“妈妈是这样想的，你觉得怎么样？”针对孩子说的话，不停地提问并倾听孩子说话。

“妈妈小时候是这么做到的哦。”跟孩子分享自己的成功经历。

“哎，好棒啊！不愧是妈妈的好孩子！”“看不到的地方都踏踏实实做了，真棒啊！”饱含尊敬之情地表扬孩子。

“这真是你的优点啊！”认可并夸奖孩子的与众不同之处。

■“以不训斥的方式让孩子做事”的会话

“今天在学校累了才没做到的对吧？休息一会咱们再……吧？”这样来催促孩子。

“要想拿出学习的时间，你觉得游戏一天玩几分钟比较好？”让孩子自己决定。

“能说道歉，真了不起！下次要注意啊。”认可孩子的努力并顺便提出要求。

■“与孩子一起思考、激发自主性”的会话

“妈妈不知道这样好不好，但是也有这样做的。你觉得怎么样？”

“妈妈以前这样做失败了，如果是你，你会怎么做？”

“为什么没有做成呢？咱们一起想想看吧？”

“妈妈之前想过，这样做比较好，如果是你，你会怎么做？”

■瞬间激起孩子干劲的“金句”

“你就是咱们家的王牌啊！”

“你就是咱家的最后堡垒！”

第4章

让孩子专注的方法

努力学习，成绩却无法提高的原因

大脑会不断遗忘以前的事情

“无论怎样学习，成绩都无法提高”——这与大脑结构有一定的关系，而不是因为孩子努力不足、头脑不够聪明或精力不集中。

大脑有一个功能，就是一旦有新信息进入，就会遗忘旧的信息。

想必大家都有过这样的经历：本来你想着去隔壁房间做一件事，结果一进屋就忘了自己进去是干什么的。

这可能由于是你正想做某件事的时候，中途又想到了别的事情，或者处在做另外一件事情的状态，因为新信息的输入，大脑就忘记了最初想做的事情。

大脑就是这样，一旦有新信息输入，它就会瞬间作出反应。

当别人问你："四天前的10点左右你在哪里？正在做什么？"你能够当场就回答出来吗？你也许会这样回答："呃，我没法一下子想起来。"

如果不是发生那种刻骨铭心、印象深刻的事情，大脑都会不断地舍弃旧信息。所有进入大脑的信息都会暂时被当作"工作记忆"，不是很重要的信息会在前额叶皮层保存三天之后消失。

总之，大脑会判断是否需要，当大脑判断某个信息为"无关轻重的信息"时，就会遵循"自卫本能"，马上选择遗忘这些信息。

这样看来，大脑有这样的结构：①对新输入的信息瞬间作出反应；②遗忘那些被大脑判断为"无关轻重的信息"。

如果不理解大脑的记忆功能，就会造成"无论怎样学习，成绩都无法提高"的结果。

比如，考试时粗心造成失误较多，或者课后小测验成绩挺好，总结性的大考却得分不高。这些都与大脑功能有关系。

不能只停留在"大致理解了"的层次

要想学习好，需要做什么呢？

最重要的就是不让孩子说"基本上做完了""大致理解了"。

习惯说"基本上做完了""大致理解了"这些话的孩子，虽然也能跟上学习的进度，但是由于未能深入理解学习内容，所以，当学了新内容以后，之前的内容就忘得一干二净了。

孩子趴在课桌上拼命学习，成绩却不见提高，这时父母可以问孩子："你整理一下昨天学的内容，给我讲一讲。"这时，他／她可能会不知从何说起。那么，您的孩子在学习上很有可能习惯停留在"大致理解了"的状态。

事实上，我也同样面临过这个问题。我在上大学之前，一直都是前一阶段学得差不多之后，就进入下一阶段的学习。自己还觉得自己挺用功的，可是成绩总是提不上去，一直为此很苦恼。后来从事了脑科学研究，才恍然大悟。我当时要是知道这些的话，成绩应该可以更好，想想就觉得很遗憾。

"大致理解了"的状态，是在尚未到达100%的时候，就觉得自己已经懂了。实际上是自己还处在没有完全理解的状态下，就开始学习新的知识。因此，学了新内容，忘了旧内容，成绩自然不会提高。

“基本上完成了”所关联的情绪是“这样就结束了”。报偿性神经系统因此判断，“可以不用再思考了”。这样做的后果是：还没结束，大脑就已经丧失了继续学习的动机，也就无法对所学内容有更透彻的理解。

要想在头脑中牢记学过的内容，需要坚持专心学到最后，并且努力复习，直到完全记住为止。要养成扎实的学习习惯，先彻底学通上一阶段的内容之后，再开始下一阶段的学习，还要养成反复思考的习惯。

如何确定对于所学内容是否已经充分理解？大家可以通过“是否理解到可以给别人讲的程度了？”“过了三天之后是否还能记住？”这两个问题来进行评估。

先褒奖则无斗志

接下来，有必要讲一讲关于“褒奖”的问题。这里所说的“褒奖”指的是让孩子开心的一些具体的事情，如玩游戏、看漫画、看电视等。

努力之后获得褒奖这件事没什么问题，褒奖的本质是“给人注入自主性的基因”。如果先得到褒奖，那么人的报偿性神经系统就不会发挥作用，做事的情绪也会就此松懈，这样一来，人就拿不出干劲了。所以，父母需要注意褒奖的方式方法。如果观察一下那些无法集中精力学习的孩子，你会发现他们坐到桌前最先做的是玩游戏，而不是学习。

经常有人争论“究竟是先褒奖更能激发斗志，还是后褒奖更能激发斗志？”这个问题，我从大脑结构来分析，认为应该是后褒奖更能激发人的斗志。

如果“绝对禁止游戏”，那一定会激起孩子的反驳，所以，父母可以先让孩子坚持好好学习，之后再让孩子玩游戏。但是，需要注意的是，这个时候不应该是父母决定，而应该巧妙地引导孩子自己做出决定。

防止专注力无意识松懈的秘诀

“看起来好难”的瞬间就会失去干劲

10岁以后，孩子的大脑与成人无异，因此，父母可以让孩子做学习、运动等任何事情。

10岁以后，孩子很快就会面临考试、比赛等需要他们发挥实力的事情。因此，父母也希望在这个时候把孩子培养成实战能力强的孩子。

如果想让孩子在关键时刻获胜，父母不仅要培养孩子的学习能力，还要不断培养孩子必胜的决心和能力。在关键时刻发挥实力，需要孩子能够保持专注力不松懈。

我在第一章中提到专注力的五个大敌。

1.说否定的话语，比如“啊，这不可能！”“糟糕！”“做不到！”

2. 沮丧地说：“到此结束了，已经不行了。”

3. 想着“还是做得稳一点吧”，然后采取一些保守的策略。

4. 意识到剩余部分，“只剩下……就结束了。”

5. 担心“失败的话，就麻烦了！”或是幻想“对手能不能败给我们啊？”

如果情绪出现无意识松懈或变得消极，孩子就会在毫无察觉的情况下专注力松懈。

“通过率只有三分之一，我也许没有希望了”“我赢不了他”一旦产生这些想法，判断事物基础的“统一／一贯性本能”瞬间就会变得消极懈怠，朝着“没希望”“赢不了”的方向发展。

于是，孩子可能还觉得自己专注力挺集中的，但实际上情绪已经在无意识之中变得消极，最终导致他／她无法集中精力——你觉得自己在努力，可是“本能”在你没有察觉的时候就已经阻止你集中精力了。

平时我们很容易犯这五个错误。正因为如此，所以很棘手，父母要在孩子小时候就培养“不说否定话语”“凡事善始善终”的习惯。

如果还能有“谨慎小心以免失败”“这种情况下，采取稳妥的做法吧”的智慧也非坏事。但是如果平时跟孩子们过于强调效率优先、避免失败、行事谨慎，孩子就会养成做事只求稳妥的习惯。孩子遇事就会想：“这里有风险，还是避开比较好。”最后很可能就会变成一个无意识专注力涣散的人。

因此，无论什么时候，都要重视培养孩子全力以赴的能力。

“情绪固化”也能通过“情绪杠杆”撬动

那么，在正式比赛的时候，要怎么做才能避免专注力无意识松懈呢？

情绪变得消极才是造成专注力涣散的原因，因此，我们只要及时调整情绪就可以了。情绪的影响还是要通过“情绪杠杆”去撬动。

“只差一点儿就到终点了”“只剩这一点就做完了”，一旦有了“结束意识”，专注力就会自然松懈了。为此，需要有“接下来才是关键”“接下来才是最后阶段”的意识。

“只差一点儿”的想法导致报偿性神经系统做出错误的判断，认为“可以不再努力了”。当我们将情绪调整为“接下来才是关键”的时候，就可以保障报偿性神经系统发挥其功能。

无论学习还是运动，越是到了最后的阶段，越要让孩子养成“重视最后阶段”的习惯。这时，父母可以跟孩子说，“接下来才关键，要做得更加认真”“最后五分钟的时候，要拉大分差来赢得比赛”，让孩子把最后阶段的工作认真做好。

如果是团队运动，在队友失败或出现失误之后就觉得“这下完了！”“都怪他”，专注力立马就会松懈。

职业棒球投手松坂大辅在赴美比赛之前找到我，希望了解与投球相关的脑科学。我告诉他：“当你状态绝好的时候，队友出现失误，如果你觉得‘糟了’，那就赶紧离开投手岗，出声说，‘上一次他帮了我，这一次我要帮他’，然后再回到投手岗。”

这样做，是为了不让“统一／一贯性本能”向负面发展。暂时离开，将情绪调整为“为了队友而努力”，借助“生存本能”“交友本能”的力量来保持专注力。

但是也有这样的情况：考试或者比赛的时候，所剩的时间不多了，拼命去做也不能充分发挥实力。

出现这种现象，是因为产生了两种相反的情绪：“不进攻就会输”的积极情绪和“只剩……分钟”的消极情绪，导致进退两难。换句话说，这是一种情绪固化的状态。

如果在正式比赛时发生这样的情况，必须要下决心，在前进还是后退两个选项里做出抉择，否则情绪就无法调整。

日本男子柔道教练井上康曾经问过我：“本来最后15秒钟是必须进攻的，可是身体却无法向前动，这是为什么？”我跟他说起“情绪固化”的想象，并告诉他：“如果你觉得实在赢不了，那就调整一下情绪，要让观众觉得你输也输得令人感动。要想让情绪积极一些，就要有‘现在还不算输，最后15秒要打出我自己的柔道’的意识，平时就要练习最后 15 秒将对手带入自己擅长的区域。”

将情绪调整为“让人感动”的积极情绪，并贯彻到底，可以让大脑“同时开火”，从而发挥出惊人的实力。这样一来，也会震撼到对手，让对手产生“也许会输”的消极情绪。一旦对手的专注力松懈，形势就会朝着有利于自己取胜的方向发展。

把剩余的时间当成自己的时间，就会产生“赢”的决心。

将对手带入自己擅长的区域，就可以在自己的地盘来一决胜负，也就更容易赢得比赛。

要想培养孩子强大的实战能力，就要跟孩子讲这些情绪的机制，不厌其烦地告诉孩子：“在最后阶段，积极地想要赢得比赛这一点很重要。”

有成功经历的孩子，专注力更容易提高

用难题来克服短板只会起反作用

很多父母在孩子学习或者运动不好的情况下，倾向于让孩子挑战一些有难度的事情来克服短板。

父母可能觉得“正因为是短板，所以才让孩子努力”，可真正的解决办法应该是“正因为是短板，才应该让孩子去做一些简单的事情，从而积累成功的经验”。

“短板意识”会触发孩子的“自卫本能”，孩子会产生“即便做了也做不好”的消极情绪。本来孩子就已经觉得“反正也做不到”，父母还让孩子挑战难度更高的事情，这样只会招致孩子的反感。

即便勉强去做了，大脑也不会觉得“有趣”。那些孩子毫无兴趣、漠不关心的事情，做得再多，A10 神经系统也不会被激活，只会让孩子更加讨厌那些事，从而进一步强化孩子的短板意识。

总之，本来就做不到的事情，如果再让孩子做难度更高的事情来克服，结果只会背道而驰。

相比而言，让孩子回答他们有能力解答的问题，或让孩子完成一些力所能及的事情，反而有助于孩子克服自己的短板。从大脑的机制而言，这一方法的关键在于通过完成那些“只要做就能取得满分”的任务，让孩子体会到“我成功啦！”“我明白啦！”这样一种成就感。

不断体会“我成功啦！”这样一种成就感，就是在对大脑进行褒奖。这才是克服短板的正确方法。

孩子做不到的事情，再训斥也没用

进展不顺的时候，孩子处于不知所措的状态，自己本来想“这样做”，最后却出现“没成功”“失败”这样一种负面结果。这时候“自卫本能”就会让孩子犹豫：“要是下次也失败了，怎么办？”“要是不成功，怎么办？”本能造成孩子内心纠结，导致孩子踟蹰不前。

在这种情况下，父母严厉训斥孩子“要努力，直到自己能做到”“你的努力还远远不够”，督促孩子继续做，这种做法是非常不可取的。

孩子事情没做成本身自己已经很郁闷了，父母还要训斥孩子，穷追猛打，处在这种状态下的孩子，再怎么做事情也无法成功。

孩子会觉得“谁都不理解我”，“自我本能”受到伤害，“统一／一贯性本能”会让孩子朝着“反正我也不行”“我做不到的”的方向发展，更加畏惧失败。

孩子本来想要进步，可是因为能力不足而失败，这时父母要给予鼓励，而不是训斥。

“现在做不到也没关系啊，最后一定可以做到！我相信你一定有这个能力！”“你一直在努力，这本身就很了不起啊！现在节奏稍微慢一点，又有什么关系呢？”如果父母这样鼓励孩子，孩子就一定能重新振作起来。

在这个基础上，父母跟孩子一起思考失败的原因，找到解决问题的方法。在这个时间点，关键是要让孩子重拾自信，通过让孩子做一些力所能及的事情，让孩子更多地获得成功的经验。

不过，有些情况不适用于上述方法。有些时候失败不是因为自己的努力不够，而是因为周围人的影响或受环境所拖累。

比如，孩子很想学习，可是兄弟姐妹一直在边上打架，就会觉得“实在学不下去”，导致能力下降。这时候可以积极地“训斥”孩子：“你非常厉害的！不能因为周围的影响就让自己能力发挥不出来！”

自我能力不足造成的失败与周边的影响造成的失败，二者的应对方法有所不同。表面看似矛盾，前者为鼓励，后者为积极地“训斥”，但效果都是一样的，促使孩子能够摆脱“做不到”的状态，进入“做得到”的状态。

以成功经验消除“做不到”的情绪阴霾

是否具有成功经验，与能否集中精力有很大的关系。

不具备成功经验的孩子，做事情很容易首先想到放弃。有这种情绪的孩子，父母再怎么鼓励说“做就能成功”“努力就能做成”，孩子也无法集中精力。因为孩子的“本能”认为“不可能”的事情最终就会是不可能的，“本能”认为“做不到”的事情最终就会是做不到的。

要让孩子做事情之前不产生这种“不可能”“做不到”的情绪，就要让孩子多体验“做得到”的环境。这样做是为了让孩子积累成功经验。

关键点在于，父母要降低难度、让孩子做一些基本的事情，让孩子多体会到一些成就感。做的顺手的事情才会“有趣”，这是大脑的机制。增加孩子成功经验的一个重要前提条件就是：让孩子做那些绝不可能失败的事情。

比如学习，可以让四年级的孩子做二年级的题。

父母也许会有疑问：“这样做合适吗？这样会不会反而让孩子失去干劲啊？”可是，“我理解了！”这一愉快情绪和“我做到啦！”这一成就感都是对大脑的“褒奖”，只会提高孩子做事的热情。

当然，这时也有必要注意以下问题：

自己明明是四年级，却在做二年级的题，孩子如果知道这个事实，自尊心一定会受到伤害，也就没有心情再积极做事情了。

所以，父母采取的表达方式很重要。为了不让孩子意识到这一点，可以这样说：“孩子，你要创造自己的美好未来，就要扎实掌握这些基础中的基础。”“掌握好这些基础，就一定没问题。”

当孩子做完之后，要赞不绝口地夸孩子：“成功啦！”“好棒啊！”不要忘记多多给孩子的报偿性神经系统予以鼓励。通过反复进行上述练习，就能培养孩子 “我能行”的情绪，即做事的自信。

我曾用上述方法在三个月里将一些偏差值为 30 的参加大学入学考试的学生变成了优等生。

面对这些一直以“差不多”“大致完成了”为做事标准的孩子，我先让他们做10个小学四年级的汉字测试，拿不到100分不准回家，反复让他们做题。

他们做的时候，我一直在反复向他们灌输一些观念，比如“你们可都是被选为‘必成优等生计划’的人”“最后你们一定会出场”。

要让成功经验“成功”，重点是要尊重孩子。

“你们这些孩子都不行，所以要这么做！”如果这样说，孩子不会产生积极的情绪。当出现“不行的孩子”这样的否定词汇，大脑就会对否定词语作出反应，变得更加不愿意工作了，孩子就不可能集中精力。

一定不要像上面那样训斥孩子，而应说：“你这么做的话，就能发挥出惊人的实力，你将来一定有机会出场。”以便让孩子积累成功经验。

要有想达成的“目标”

把《努力计划表》贴到家人看得到的地方

要想让孩子集中精力，有一点不可或缺，那就是“如何让自己获得主动做事的情绪”。

要想获得这种情绪，就需要重视“为实现目标而努力”。

越能明确“在什么时间做什么”，大脑的运行就越顺畅，就能直奔目标，集中精力去做事。孩子决定“我要完成自己决定要去做的事情”，可以锻炼“独立做事”的“自我本能”，会给报偿性神经系统带来很多褒奖。

在学习、运动和学习技艺方面，孩子如果拥有一个大目标，如“最后我想要这样”“我想将来能够做到这样的事情”，他/她就能够朝着这个方向努力。

要想实现这一大目标，父母也需要跟孩子一起思考“现在该怎么办”的问题。可以引导孩子：“要想做成这件事，我觉得这样很重要，但是你想怎么做？你觉得怎么做比较好？”

最后让孩子自己将决定的结果做成《努力计划表》，如果完成了任务，在“完成了”这一栏就画一个○，“稍有不足”就画一个△，“未完成”就画 ×。可以把这张表贴在客厅或走廊，让全体家庭成员都可以看到孩子的完成情况。

爸爸妈妈在看到《努力计划表》的时候，可以对孩子表达一些积极评价：“哦，很棒啊！”“很努力啊！”仅仅几句话就是对孩子莫大的鼓励。

对孩子来说，父母在注视着自己，认可并赞扬自己的努力有助于孩子发挥实力，提高做事的能力。

要勤勉，更要“一气呵成”

一个大目标确定之后，有必要将其分解为多个按阶段完成的小目标。之后一气呵成地快速完成各个小目标。

大家一般都认为“目标要一点一点完成，一步一步推进”，但是这个看法潜藏着“讨厌失败”的否定词汇和“为避免失败而寻求稳妥”的情绪。

一点点、一步步地做事会让人产生“终于走到这一步了，只差一点就结束了”“基本上完成了，这样应该差不多了吧”等专注力无意识松懈的情绪，无法培养完成事情的能力。

这种做法如果持续下去，大脑“不想失败”的“自卫本能”就会过剩，在正式比赛中需要一决胜负的时候，专注力就不能高度集中了。

一口气完成一个小目标。不断重复这个过程。这样就可以不断积累成功经验，建立自信。

进入自己期待的学校，能做自己喜欢的工作，在体育比赛中取胜……无论什么情况，要想完成既定目标，就要竭尽全力做好必要的事情。

要让孩子从小就养成这种习惯——“全力以赴、一气呵成地完成一个个小目标之后，再着手完成下一个目标”。每天的小目标最好难度不是很大，尽量让孩子比较容易获得成就感。

大脑可以发挥出130%的能力

在正式比赛的时候能够发挥出全力突破的情绪力，或能够突然爆发出惊人的专注力，这也是发挥才能的一种方式。

超一流的奥运选手，越是临近奥运会，他们越是磨炼自己的专注力，进而在奥运比赛的时候能有更好的发挥，有更加专注的专注力。

超一流选手不仅不会认为“我已经做好了应对奥运会的心理准备”，而且他们每经历一场比赛，专注力就更加集中，变得越来越强。

这种超一流的、高度集中的专注力源于他们的习惯，也就是：全力以赴、一气呵成地用心完成一个又一个既定目标的习惯。

如果不以“在一流之上”的“超一流”为目标，就无法发挥真正的才能。这需要一种“在我从事的领域里，不允许别人能追上”的心态。内村航平就是以“体操是我的使命”的想法和“舍我其谁”的情绪在从事体操运动，才发挥出了卓越的才能。

这种“既然做，就不允许别人能追上，这是我自己的战斗”

的心态，超越了单纯的胜负，让人发挥出超强的实力。

有一项实验证实：大脑可以发挥出平时130%的脑力。这说明大脑具备相应的强大能力。

孩子也具备这样的能力。像内村航平所说的“使命”一样，拥有关键时刻“必胜”的心态是最能发挥实力、最能集中精力的方式。

克服专注力不能提高、不能持续的方法

重视同一件事的重复

“我的孩子连30分钟都坐不住”“不能集中精力学习”“开始一件事之后很快就厌烦，不断开始做不同的事情”“三天打鱼两天晒网，没有常性”……

上述问题，都可以通过改变环境来锻炼孩子的“统一／一贯性本能”的方式来解决。理由在于：未养成专心做事习惯的孩子往往“统一／一贯性本能”比较弱。

如果“统一／一贯性本能”未得到锻炼，那么孩子不但很难判断事物，注意到细微的差异，而且很难让自己融入环境之中，也就很难发挥出实力。也就是说，这样的孩子不擅长应对环境的变化，很容易服从周围的环境。

判断能力也会变弱，而且不稳定，处于时好时坏的状态。

要提高专注力，就要注重从小培养孩子的“统一／一贯性本能”，同时也要注重同一件事情的重复。

孩子本来就具有重复同一件事情的习性。小孩子不厌其烦地反复看一本书，没完没了地玩同一个游戏，无非是在锻炼“统一／一贯性本能”。

这时，如果父母制止孩子说“同一件事情你要做到什么时候？”“适可而止吧”，那么，被中途制止的孩子的“统一／一贯性本能”会很弱。

“统一／一贯性本能”比较弱的孩子，在学习和运动方面，不太擅长对同一件事情进行反复练习。他会问：“同一件事情要重复到什么时候？”“为什么必须每天都要做同一件事情呢？”在他的思维里“做同一件事情就是浪费”，所以很容易受挫，进而开始编造一些他做不到的理由，变得没有常性、容易厌倦。

要解决上述问题，就需要创造一个与平常一样的、有一定模式可以遵循的环境。让专注力涣散的孩子先从规律的日常生活开始调整。“统一／一贯性本能”可以通过维持一定的环境来得到锻炼。当日常生活的一贯性成为一种习惯，孩子的专注力就会比较容易集中了。

起床时间要固定、吃饭时间要固定、学习时间也要固定……重要的是要让生活井然有序。如果吃饭时间、学习时间每天都不一样，还让孩子睡懒觉，那么孩子的“统一／一贯性本能”就会错乱。

还有一点很重要，就是以妈妈为代表的全体家庭成员都要规律地生活。早饭时间全家都坐到餐桌前就餐；到了学习时间，就有人发号施令说“现在开始是学习时间”，大家一起用心去创造一个学习的环境。

跟朋友和家人一起行动

大脑有这样的机制：有人在就会比较活跃。这是大脑的“交友本能”“共生本能”在起作用。专注力也会因为有人在而提高。

如果孩子喜欢做帮助他人的事情，有一颗奉献之心，那么

“想要帮助他人”的愿望就会提高孩子的专注力，“想跟别人共事”的愿望就会强化“同时开火”的能力，并有利于提高专注力。

在第一章中，我介绍了王贞治的“超一流专注力”，其专注力的原动力就是两种情绪共同作用，促成大脑发生强烈的“同时开火”现象。

孩子通过与最亲的妈妈、朋友一起做事情，大脑发生“同时开火”的现象。“同时开火”传达至对方的大脑，又进一步发挥作用。

孩子获得了“同时开火”的能力之后，就可以发挥出与王贞治一样的，两种情绪共同作用下的高度集中的专注力。

与朋友和伙伴一起做事，全家一起做事，或者与最亲爱的妈妈一起做事，这些将会提高孩子的专注力。我在本书中介绍了边玩边提高专注力的训练方法，大家务必与妈妈、家人和朋友一起去做做看。

培养坚定的意志："一定要超越昨日的自己"

让孩子回想自己没有做成的事情、失败的事情，反省自己"哪里做得不够好"。孩子参与的这类反省会越多，专注力的下降就越明显。

反省的行为是对自己的失败和不足的再确认。

在这个时间点，消极情绪已经在对孩子产生影响，经过再次确认，那些失败会深深地留在孩子的脑海中。情绪越消极，越惧怕实战，专注力水平也会随之下降。

日本人大体是热衷于反省会的。可是，从提高孩子专注力的角度来看，我是不推荐以反省会的形式来回顾自己的失败。

如果要回顾过去，那么应该多关注那些自己做得比较好的地方，要思考怎样做才能做得更好。如果是输掉比赛的情况，那么重点是要探讨对方哪些地方做得比自己好，商讨如何做才能超过对方。

总之，不要总盯着做得不够好的地方，已经结束的事情，就让它结束吧！

如果一直受过去所累，就会一直抱着这样的想法："那个时候我明明可以做得到，可为什么最后没成功呢？”一旦孩子拘泥于过去，大脑的“自卫本能”就会发挥作用来“避免同样的失败”。这样下去，孩子不仅无法集中精力，而且能力也得不到拓展。

要想发挥才能，就要有“我每天都在进步”的观念。每天都要对自己说：“明天的自己一定要超越今天的自己。”否则，就很难让自己成长。

要想让孩子拓展能力、集中精力，就要培养孩子创立“超越昨日的自己”的观念。不要把焦点放到没做成的事情上，要把焦点放到“现在哪些事情做得比较好”“现在做到什么程度”和“此时此刻”上，跟孩子一起去思考如何改善，如何做得越来越好。

让孩子能够经常去思考“接下来怎么办”的问题。

有"MY ZONE"的孩子精力更集中

何谓"MY ZONE"?

在本章的最后,我给大家介绍一个提高孩子专注力的方法,它是我珍藏多年的一个"秘方"。

那就是创造一个"MY ZONE",养成在这里面做事的习惯。

所谓"ZONE",说的是"自己能够集中精力的一个空间范围",它指的是无论你睁眼还是闭眼都可以把握的一个范围。

比如,以过人的带球技能著称的阿根廷足球明星里奥内尔·梅西,只要球在他的脚边 70 厘米范围内,他就可以在不看球的情况下准确带球。

在这个范围内的话,梅西就算不看球也可以把球带好。因此,有些技术才是有可能实现的,比如在被对手夹击的时候,盯住对手的动作,伺机让球从对手双腿的空隙之间通过。

“脚边 70 厘米”就是梅西的 MY ZONE。

无论是哪一项竞技运动，一流的选手几乎每个人都有自己的 MY ZONE。运动员们常说“进入 ZONE 了，所以能集中精力比赛了”说的正是 MY ZONE。

学习方面，在 ZONE 内集中精力学习可以提高专注力，孩子的学习能力就比较强。专注力再涣散的孩子，只要在 MY ZONE 里面学习，情绪就会变化，就可以集中精力做事情了。

营造一个 ZONE 并习惯在其中做事，就能保证环境的“统一／一贯性”。保持环境的“统一／一贯性”是提高专注力的一个前提条件。因此，有能力营造 MY ZONE 的孩子，无论在什么地方，面对什么情况，都可以进入 ZONE，集中精力做事情。

如果是我，我只要闭上眼睛，嘴里说上一句“在这里待着”，就可以进入 MY ZONE。在汽车引擎盖上写论文、学习的时候，我也可以进入 ZONE。

可以这么说，谁都可以营造 MY ZONE，而不限于运动员。

如何营造 MY ZONE

MY ZONE 并不难营造。

孩子的情况比较好理解，可以将自己学校的课桌大小的范围作为 MY ZONE。

孩子们每天都在学校的课桌上学习，考试、测验也都在课桌上进行。这样就具备了孩子集中精力学习的“统一／一贯性”，学校课桌大小的范围就成了孩子的 MY ZONE。

如果父母让孩子在客厅的桌子上学习，可以把桌子收拾干净之后告诉孩子：“这里是你的绝对领地。”也可以用铅笔画出范围。

此外，父母还可以为孩子准备一张与学校课桌大小差不多的小桌子，以此作为孩子的 MY ZONE。

营造 MY ZONE 的时候只需记住一个铁则，就是桌上不放置任何与学习无关的东西。在客厅桌子上学习时，也要保证 MY ZONE 里没有任何杂物。

不放置任何杂物，可以帮助孩子与环境保持一致。这样就可以集中精力努力学习，进而逐渐让大脑适应在 MY ZONE 集中精力的习惯。

注意力集中不到五分钟的孩子也可以改变

最后，我介绍一个例子作为本章的总结。这是一位小学五年级的男孩子，他收获了 MY ZONE 的效果，不仅能够集中精力学习了，而且做事更有热情了。

姑且称他为太郎。我与太郎相识是在一个叫作“如何让精力不集中的孩子变得集中”的电视节目策划活动上。

太郎家经营一家建筑公司，他虽然有个哥哥，但他哥哥做了别的工作，身为老小的太郎就成为继承家业的候补人选。太郎因此就产生了这样的心理：“我不学习也可以生存下去。”没有一点学习的愿望。即便学习，也撑不过五分钟。

等到太郎到了五年级，他也拥有了自己的漂亮的书桌，可是上面堆了一大堆塑料模型等乱七八糟的东西，根本就不是能好好学习的状态。

家里还有一个矮脚桌，太郎平时都在这个上面学习。这个矮脚桌的状态也就比书桌稍微好一点而已。上面除了学习相关的工具，还放着跟兴趣爱好有关的杂志、里面乱糟糟地放着东西的纸壳箱，还有他特别喜欢的游戏机。

我通过观察太郎的状态发现：如果他妈妈不让他学习，他就会一直玩游戏。即便听妈妈的话开始学习，也只能坚持三分钟。

学习中遇到了不懂的地方，太郎就去请教妈妈。妈妈说“现在稍微有点忙，待会再说吧”，于是他又开始玩游戏了。后来妈妈问道：“刚才的问题明白了吗？”他“嗯”了一声继续专心玩游戏，完全失去了想学习的愿望。

我一直从旁观察，这时我走向太郎，首先这样问他：“你跟你哥哥年龄差距比较大，大家都把你当成独生子一样宠着，对吧？你在这个家里是最年轻的啊！”他点头说：“是的。”

“也就是说，等家里人都上了年纪的时候，你就是最后撑起这个家的男人了，对吧？”

我向太郎传达了饱含“同时开火”的情绪，他露出了吃惊的表情回答道：“我没想过这样的事情。”眼看着他的脸一点点变红了。

接下来，我对他说：“还是会学习比较好，是吧？”他很坦率地“嗯”了一声。于是，我跟他讲了大脑先得到褒奖就会松懈的机制，问道：“对了，游戏是一种褒奖，对吧？”他回答：“是。”我继续向他传递脑科学知识：“也就是说，褒奖应该放在学习之后，而不应该是之前。我们把它当作一个规定吧？”太郎回答说：“好的。”

要想学习，必须要对乱糟糟的环境进行调整，这样才能保证学习所需的最起码的条件。

我继续告诉他：“大脑接触的信息过多，就很难集中精力。所以我们来创造一个可以学习的环境吧？咱们先整理桌面。你这个纸壳箱不用吧？这把折叠伞也不用吧？”一边说，一边让他整理。

可是，游戏毕竟是他特别喜欢的，所以他想把游戏机放到他触手可及的地方。于是，我建议：“游戏机还是放到看不到的地方吧？因为如果离得近就会不由自主地想玩。”他脸上飘过一丝不悦，很不情愿地收起游戏机。这时，我夸他说：

“你真是太棒了！做得太好了！”接下来，我让他决定MY ZONE：“你稍微闭上眼，然后用手指画一个你能确定的范围。”

现在桌上只剩下笔记本和铅笔，游戏机也收好了，他处在一种只能学习的状态。

把他放到这样一种环境之后，我先让他做了一个汉字测验。接下来，我又让他做了算术作业。这样一来，原本三分钟都学不了的太郎竟然集中精力学了将近一个小时。

后来，当我走向玄关准备回家的时候，他匆忙地追上来，直接对着我说道：“老师，我要学习！”

太郎原本没有任何学习劲头，可通过近一个小时的专心学习，他一定是体会到了“我也有能力做到”的自信、喜悦和成就感，切身感受到了集中精力、努力做事的乐趣。他妈妈看到太郎干劲十足的样子，感到吃惊不已，连声说：“真是太棒了！”

当父母给孩子创造学习必需的环境，尊重并赞扬孩子，仅仅如此，孩子就会展现出变化。就像五年级的太郎一样，那些即将步入青春期、进入反抗期的孩子也可以主动拿出干劲、集中精力做事。

父母一定要相信孩子具有“能够变化”的力量，一定要把孩子培养成为能够专注做事的人。

练习：通过视觉和听觉训练孩子的专注力

在这个练习部分，我将介绍在孩子视觉和听觉发展阶段，如何边游戏边锻炼孩子专注力的方法。如果有人陪着，孩子的专注力能得到更好的锻炼，请大家和朋友、家人一起去尝试。

■拍手让孩子猜方向、距离和次数的游戏

孩子在前面站着，其他人在他后面拍手，让他猜拍手的人所在的方向和距离。也可以有很多人拍手，让他猜拍手的人数和次数。

■辨音游戏

人多的时候，可以分成小组，玩辨别声音的游戏。其中一组组成圆形，另外一组从他们后面同时发出各种声音。可以用铃鼓和钢琴，也可以敲桌子、对砸塑料瓶等，只要用手边的东

西发出声音就可以。组成圆形的一组挨个说出他们听到了什么声音。

■听故事画画

将听到的故事画成一幅画。可以参照绘本里的一个场景，比如“老爷爷的后面有一条狗，狗的后面紧挨着一只猫，他们在拔一个大树桩。”集中精力听故事，可以锻炼孩子用耳朵听的能力。可以比赛看谁准确地画出了故事内容。

■准确地速写出看到的事物

可以观察周边的事物进行速写练习，比如用彩色铅笔细致入微地描绘出三朵花的细节，将玩具车的车门都毫不马虎地画出来。不漏一个细节地作画，可以锻炼专注力。

第5章

让奥运会冠军都受益的专注力训练技能

紧张是降低专注力的“坏蛋”？

紧张的本质是两种情绪相互争斗

在一些重要的考试、比赛、发表会上，谁都会感觉紧张。有时候，一些人由于过度紧张，身体也不听使唤了，大脑变得一片空白，最后未能取得好成绩。

我有很多机会接触运动员，他们在找我咨询的时候会问一些问题，比如“真正比赛的时候，怎样做才能避免紧张呢？”“怎样才能做到集中精力又不紧张呢？”

同样，也有很多学生找我咨询时会问：“重要的测验和考试的时候，我就会紧张，无法集中精力做题。有没有能够运用大脑机制来解决问题的办法？”

对于很多人来说，紧张是妨碍专注力发挥的重要因素。

但事实上，如果没有一定程度的紧张感，也无法在正式比赛中发挥实力。如果身心都处于松松垮垮的状态，人是很难将自己所具有的实力发挥出来的。

要想在正式比赛中不紧张并且专注力高度集中，重点不是要消除紧张，而是要学会控制。为此，我们需要了解什么是紧张。

紧张是有理由的。在正式比赛中赢了别人或输给别人，本质上是与“交友本能”相悖的。一旦觉得“恐惧输”，想要守护自己的“自卫本能”就会被激活。

比赛时感到紧张，是因为“想要赢”的积极情绪和“恐惧输”的消极情绪同时产生，导致“交友本能”和“自卫本能”之间产生了矛盾。

出现这样的情况之后，人会遵从“自卫本能”，并为克服这种状态而提高自己身体的能力。

具体说来，就是自律神经的交感神经处于优势，儿茶酚胺在血液中的释放量增多，大脑心脏活力增强，脉搏加速，血流变得更快。呼吸器官活力增强，需要吸入大量氧气，这样就可以给全身输送充分的氧气。

儿茶酚胺中的肾上腺素会抑制胰岛素的功效，这样一来，作为运动能量之源的血糖就会升高，从而能应对身体的所有活动。

随着守护自己的本能情绪高涨之后，提高运动能力的身体功能也变得活跃起来。这就是“紧张”的本质。

可以说，“紧张”是关键时刻调动身体充分发挥机能的一种机制，“紧张”本身并无坏处。

可是，如果紧张超越了“适度”而变成了“过度”紧张，就会产生一些问题。

交感神经受到过度刺激之后，儿茶酚胺中的去甲肾上腺素就会释放到血液中。去甲肾上腺素对肌肉有收缩作用。所以，紧张度越高，视床下部的自律神经就越会受到刺激，血液中的去甲肾上腺素浓度也会越高，肌肉就会变得僵硬。

肌肉通过紧张和放松来保持平衡。如果肌肉过度紧张，就会在儿茶酚胺的作用之下，失去收缩和放松的平衡状态而倾向于收缩。肌肉因此无法顺利发挥机能，声音和手脚都会出现颤抖，从而让人无法发挥本来的实力。

因过度紧张而不能在正式比赛中发挥实力，原因就在于此。

适度的紧张有利于提高专注力

紧张确实会在正式比赛中阻碍人集中精力和最大限度地发挥实力。但是，如果没有任何紧张感，也会影响专注力。

可以说在紧张与专注力的关系中，不能过度紧张，但是也不能过度放松而毫无紧张感。想必大家在磨磨蹭蹭、松松垮垮的状态下是无法集中精力做事情的。有了适度的紧张感，才会产生“要做”的愿望，专注力才会更专注。

在正式比赛的时候，为了缓解孩子紧张的情绪，有些父母会指示孩子：“要放松！”“要保持平常心！”实际上并不合适。应该这么说，放松会让内心松懈，妨碍集中精力。

平时就以一种“决不允许别人能追上”的决心拼命练习和学习的人，如果还能保持“平常心”，那就是如虎添翼了，比赛定会战无不胜。

但是，有些人平时没怎么好好锻炼，在正式比赛的时候即便抱着“平常心”，也很难取胜。假如做事松懈且抱着平常心，身心就会更加放松而无法集中精力，最终成绩也会很糟糕。

只有具备适当的紧张感，才能发挥出专注力。从这个意义上来说，紧张状态并非坏事。

怎样才能在决胜时刻不紧张

灵活运用“交友本能”

要想在正式比赛的时候保持专注力，充分发挥实力而不过度紧张，关键是要利用好本能的力量。

我在前面说过，与人一决胜负与“交友本能”这种先天本能相悖。如果觉得“周围人全是对手”“那个家伙是敌人”，认为必须要打倒对手，就会违背“交友本能”，进而造成过度紧张、情绪迷茫。

然而，换一个角度来看，大家也可以在正式比赛的时候灵活运用“交友本能”，发挥出自己的实力。关键是不要将对方当作“对手”“敌人”，而是要当作“促进自己提高的、可敬的伙伴”“促使自己发挥实力的工具”。

北京奥运会前夕，我送给北岛康介等游泳选手一句话：“不要把强大的对手当作竞争对手。”要拿出高水平的成绩，就需要高水平的竞争伙伴。因此，我告诉他们，请把对手当作促使自己发挥实力的重要伙伴和督促自己打破纪录的有效工具。

这样就不会违背大脑的本能，选手就可以全力以赴专注于游泳本身了。想必大家还记得，北岛康介在100米和200米蛙泳项目中都获得了金牌，并创造了新纪录。

不把决战当作“战斗”，而是作为“提高自己的机会”“考验自己实力的机会”来理解，这就是在正式比赛中发挥实力的秘诀。

如果可以做到这一点，决战就变得很愉快了。大家就不会拘泥于胜负的结果，而是去关注“如何取胜”的方法。

因此，要远离“输了怎么办”“不想输”的恐惧情绪，避免出现因“自卫本能”的过度反应而造成过度紧张的现象。

“加油！”“啊……啊……”起到反作用

孩子在参加正式比赛的时候，父母会想要鼓励孩子“加油！”“鼓足干劲别输了！”当然，这些鼓励的话语体现了父母对孩子的爱，但实际上，它们具有两面性。如果说这些话的人也跟孩子一起比赛，那么这些话是有效的；如果不是，效果只会适得其反。

大脑的机制是：如果没有明确的目标“具体要做什么”，就不会发挥功能。当别人给予自己精神鼓励“加油”“鼓足干劲”，而自己却并不清楚具体该做什么、如何做的时候，报偿性神经系统就不会得到刺激，就不会产生“好，我要做”的情绪。

有时还可能会强化“你不说我也懂”“输了怎么办？”“失败了怎么办？”的情绪，这样就会逐渐弱化自己的报偿性神经系统的功能，强化“自卫本能”，提高紧张度。

在体育比赛的时候，随着比赛的进展，观众很容易出现一喜一忧的情绪波动。如果是喜，情况倒还好；如果是失败的时候，“啊……啊……”“啊啊……”这样的话对场上的运动员其实并不好。这种声音包含否定的语感，只会让当事人专注力涣散、积极性降低，陷入无法赢得比赛的窘境。

另外，从大脑运行机制的角度看，诸如“只剩……分钟了，加油！”“只剩……公里啦！”的加油方式未必合适。

“只剩……”的说法是无意识地降低专注力的五大敌人之一。因为这样会让当事人萌生出“只剩……”的结束意识，专注力会立即下降，反而无法继续努力了。

如果想让孩子在正式比赛中发挥实力、不过度紧张，可以通过以下这些话来调动孩子的报偿性神经系统，激发出“好！我要做”的热情。

“最后五分钟，一口气发起最后冲刺！”

“要大比分赢得比赛！”

“别在意结果，集中精力做该做的事！”

“来一场感动人的比赛／演讲／演奏吧！”

以"正赛"心态做平时的练习

最后，我想给大家介绍的面对正式比赛不紧张、注意力集中的方法是灵活运用"统一／一贯性本能"。

当我们面临大型比赛、竞赛会演、正式考试时，紧张、不能发挥实力的原因在于：意识到比赛会场、考试会场是一个"与平时不同的、特别的地方"。仅仅是有了"与平时不同的、特别的地方"的意识，大脑"环境的统一／一贯性"本能就会降低，情绪就会波动，正式比赛中就会紧张，最后导致无法发挥实力。

要避免这样的结果，只要反过来活用大脑的这个机制即可。

方法有两个。

其中一个方法是预先查看一下会场。为避免自己在比赛／会演／考试当天把这个活动地点当作"特别的地方"，预先查看一下是很有效的。

如果可能的话，可以进入会场或者教室里，坐一坐其中的长凳或座位，用一用卫生间，总之，就是尽可能把它们变成自己熟悉的地方。

另外一个方法是以“正赛”心态做平时的练习。

也就是说，在平时上课的教室坐在自己平时的座位上听课的时候，心态也要与在考试会场参加考试的心态保持一致。

如果孩子认为上课归上课、考试归考试，那么一旦情况有变，情绪就会随之改变。结果，就会因为紧张而无法集中精力，实力也发挥不出来。所以，平时一定要保持“环境的统一／一贯性”。不需要每节课都做到，意识到的时候，经常尝试一下就可以，你就会感受到不同。

体育运动也是一样的道理。从与队友进行的游戏和练习开始，就怀着正式比赛的心态去做；从平时的练习开始，就当自己登上了赛场一样去做。这样做大家就能保持“环境的统一／一贯性”，正式比赛时就不会出现波动，充分发挥出自己的实力。

练习：决胜时刻掌握紧张感与专注力之间平衡的技能

■长吐一口气息

与紧张和放松有关的是交感神经和副交感神经这两个“自律神经”。自律神经不能按照自己的意志来控制。因此，人基本上是无法通过自我控制来调节紧张状态的。

但是有一个间接控制的方法，那就是呼吸。

呼吸是我们自己就可以改变的。通过呼吸来保持交感神经和副交感神经的平衡，就可以打破过度紧张的状态。

了解呼吸法有助于缓解正式比赛时的紧张状态。

做法极其简单。吸气时，交感神经发挥作用；呼气时，副交感神经起作用。紧张是交感神经处于优势的状态。因此，可以按照下列呼气的方式来发挥副交感神经的作用。

①呼气时要缓慢悠长

②呼气时要收紧腹部

如果能做到这两点，不仅可以缓解紧张状态，还可以矫正体轴，发挥出运动能力。

■短暂离开现场

还有一个缓解紧张状态的方法，就是复位“环境的统一／一贯性”。这个方法主要指的是过度紧张时短暂离开现场。

暂时离开引起情绪紧张的环境，让发挥消极作用的“统一／一贯性本能”复位。关键在于，要让“统一／一贯性本能”在状态好的时候保持，在状态不好的时候复位。

到了考试会场之后变得非常紧张，这时可以走出考试的房间待一会儿；比赛之前，如果无法缓解紧张状态，也可以倒立、转转圈。这些缓解紧张状态的方法请一定要告诉孩子。

代后记

我最想告诉爸爸、妈妈们的几句话

在本书中，我以“专注力”为主题，介绍了很多培养孩子“文武双全脑”的才能所必需的方法。读者看到这里，可能还是会怀疑自己“我做得到吗？”“还是觉得很难啊！”。

的确，如果要实践书里的所有内容，各位妈妈需要相当努力才能做到。

但是，在你退缩之前，请三思。

想必手持这本书的读者朋友，一定抱着“希望孩子转变成这样”“希望孩子成长为这样的大人”的愿望。

只要有这个愿望，你就可以把你的孩子培养成为优秀的孩子。希望读者朋友能牢记这一点。

每个孩子身上都蕴藏着成为德才兼备的“超一流人才”的潜力。

在培养孩子脑力、拓展孩子能力、促进孩子人格成长方面，父母的力量不可或缺，特别是母亲——妈妈是一个重要的存在。

孩子的大脑从胎儿时期就已经开始发育。孩子在妈妈的子宫中，一边听妈妈体内的声音，一边发展大脑。降生到这个世界之后，孩子也沐浴在妈妈的爱里，通过跟妈妈不断地互动来了解这个外部的世界。

从某种意义上说，母子是“一心同体”的关系。从脑科学的角度而言，培养孩子大脑、培养孩子专注力的任务只有妈妈能够胜任。

因此，我希望**各位爸爸、妈妈一定要有自信，一定要将本书中提到的“大脑的结构”“发挥专注力才能的育脑方法”活用到每天的育儿当中**，心里一定要想：“把孩子培养成为德才兼备的人，是我的任务、我的使命。”

育儿不以自己为标准

我在正文中说了很多遍，如果仅仅依靠单方面的教授式的

“教育”，大脑功能就无法发展。

“作为父母，我这里没做好，那里也有不足。所以，至少我不希望孩子变成这样。”即便父母教育孩子时抱有这样的想法，但如果父母不以身作则，不“与孩子一起做”，那么很遗憾，孩子的能力也不会有所提高。

妈妈如果只以“教育”思考育儿这件事，就会将自己当作标准，说“那个不行”“这个不行”，训斥孩子的次数就会增加。自己做不到的事情却指示孩子“去完成它！”这样的情况就会增加，甚至有时还会压制孩子：“别狡辩，抓紧做！”“按我说的做！”总之，父母给孩子营造了一个大脑无法成长的环境。

所以，妈妈育儿不可以自己为标准。

大脑的机制是：有人参与才会发挥功能，“共育”才能成长。所以，很重要的一点是，父母也要有“共同成长”的心态。

尊重孩子，即便有困难，也要抱有如下想法：“与孩子一起思考、一起烦恼，然后共同变优秀。”如果你能认为“有这个孩子，我也能成长”，那么你就可以把孩子当作重要的人来尊重。

在培养孩子时，父母以“孩子有自我成长的潜力”为前提，同时抱着“我也要跟孩子一起成长”的心态，是将孩子培养成为优秀人才的秘诀。

尝试改变亲子的角色

即便如此，有的孩子还是不听话。父母实在没办法了，想说“那样做”“这样做”的时候，可以尝试着改变一下角色，可以这样说：“今天妈妈是孩子，你是妈妈。”

妈妈可以说：“妈妈，你觉得这个怎么办才好？”“妈妈要是不这样做的话，我这个小孩会很为难的。”这样一来，孩子感觉自己受到信任，就会鼓足干劲行动起来。

妈妈还可以宣布说：“这周妈妈是你的秘书。你是妈妈的领导。”

妈妈可以用尊敬的语气跟孩子说：“领导，这项工作明天就是截止日期了，您觉得该怎么办？”“很遗憾，按规定这件事我这个秘书不能干预。所以请您来决断！”“作为秘书，我可以准备这种方法，但是如果您能想到更好的做法，我听您的！”这样一来，孩子就会愉快地主动思考、决断并行动起来。

通过这些方式，妈妈就可以摆脱说“那样做”“这样做”的育儿方式，成功地激发出孩子的干劲、热情和能力了。

孩子喜欢有趣的事情。大脑也喜欢愉快、积极的事情。妈妈育儿时，要灵活利用孩子大脑的特性，妈妈在自己也觉得愉快、有趣的氛围中，以大脑比较愉悦的方式来不断拓展孩子的潜能。

现状是“暂时的”，孩子是成长的

妈妈每天面对孩子，在她们看来，孩子成长的状态是喜忧参半的。妈妈往往会过多地关注孩子的缺点，比如“不会学习”“精力不集中”“容易厌倦”“说他也没什么效果”。

可是，请不要忘记。现在孩子的状态还处在发展中，是一种暂时的状态。

孩子是这样一种存在：即便现在有很多做不到的事情或者失败，将来也会以某种方式成长起来的。

希望妈妈相信这种可能性，相信孩子的能力，在孩子失败或是栽跟头的时候，别让孩子就此消沉，要帮助孩子建立如下想法："从这里开始，我要成长。""我要靠自己的力量去做。"

老师、妈妈的重要性就因此更加凸显了。

孩子遭受挫折的时候，老师、妈妈跟孩子所说的话，将会成为孩子力量的源泉。

"你是妈妈的骄傲。我觉得你一定行！"

"就算现在不行也没关系，但是你到最后一定会变优秀的！"

因为妈妈的一句话，孩子就能迸发出力量。"最后一定会变优秀的"，孩子听到这句话，就会燃起"绝对必须做""要做"的热情，将来成为能够专心致志、全力以赴做事的孩子。

不以 teacher 为目标，要成为 professor

从父母想把孩子的大脑培养成专注力高度集中的“文武双全脑”这个角度来说，我也希望各位能以成为“professor”为目标，而不是以“teacher”为目标。

所谓 professor，是一个以动词性的“profess”这一哲学用语为词源的词。“profess”这个词的意思是：不为眼前的条件所迷惑，预测未来并面向未来踏踏实实地完成这些事。

“teacher”是指单纯“教授别人知识的人”，而“professor”则是指兼具预测未来和踏实做事能力的人。

妈妈要成为“professor”，不为孩子的现状所束缚，要从长远来看孩子是什么样的人，如何培养孩子。抱着“放弃啰唆的说教，用心关注孩子”“现在孩子有喜欢做的事情，就先这样吧”的心态去培养孩子将来可能得到拓展的能力。

我希望各位读者妈妈能拥有“我就是育儿专家”的观念。正因为现在整个社会都受到重视眼前的绩效主义的影响，所以我更加希望各位育儿专家能够把自己的孩子培养成为不计较眼前得失和胜负的人，让孩子能够发挥出自己的聪明才智服务社会，能够抱着一颗奉献之心开辟自己丰富的人生。

我相信：每一位妈妈都有这样的能力！